赢战包装

竞争策略下的品牌包装设计

彭冲 著

中国建筑工业出版社

图书在版编目（CIP）数据

赢战包装：竞争策略下的品牌包装设计 / 彭冲著
. —北京：中国建筑工业出版社，2021.1
ISBN 978-7-112-25476-7

Ⅰ.①赢… Ⅱ.①彭… Ⅲ.①包装设计 Ⅳ.
① TB482

中国版本图书馆 CIP 数据核字（2020）第 184895 号

责任编辑：李成成
责任校对：张惠雯
封面设计：品赞设计

赢战包装　竞争策略下的品牌包装设计
彭冲　著
*
中国建筑工业出版社出版、发行（北京海淀三里河路9号）
各地新华书店、建筑书店经销
北京雅盈中佳图文设计公司制版
北京利丰雅高长城印刷有限公司印刷
*
开本：889 毫米 ×1194 毫米　1/24　印张：8　字数：124 千字
2021 年 5 月第一版　2021 年 5 月第一次印刷
定价：**79.00** 元
ISBN 978-7-112-25476-7
　　（36471）

前言
P R E F A C E

　　一直以来，大家普遍认为包装设计是解决视觉传达层面的问题，包装设计作为一个学科，在很多时候跳脱品牌，仅以设计理念的新颖、设计形式的独特、材料技术的突破而独立存在，供包装设计相关人员学习和研究。但是，单纯凭借视觉传达解决产品销售问题的案例是极个别的，真正能留存于世的经典包装设计作品多是代表了品牌的包装设计，它们结合了市场环境、消费观念、品牌愿景、产品现状、营销策略、生产成本等因素，贯穿于品牌的生命之中，并使品牌充满活力。

　　在众多包装设计书籍里，包装设计理论与实践结合的探索一直裹足不前，充斥着陈词滥调，有些过时的"洋理论"在消费升级的当下更显得格格不入。经过二十多年的市场经济发展，中国已成为世界第二大经济体，经济的高速发展和互联网电商平台的崛起，中国已形成了自己独特的消费文化和消费观念。近些年来，国际领导品牌在华业务增速平缓甚至出现萎缩，中国本土品牌纷纷崛起，它们也进一步说明了这一现状。

在今天，包装的作用不仅是保护产品运输、存储和传达品牌及产品信息、充当"沉默的销售员"角色，还变得越来越丰富、多元。经得起市场考验的包装能给品牌及产品带来巨大的商业价值，但这样的包装早已不是单纯解决了视觉传达层面的问题或者仅靠"颜值"获胜。在设计过程中，创意思路和表现形式可以天马行空，但必然围绕产品和市场竞争发散思考。不同的品牌产品有不同的思考体系，新品牌产品的包装设计与成熟品牌产品的包装升级设计，二者思路与思考方式完全不同。品牌背景不同，包装设计的应对方案不尽相同；产品及品类发展态势及背景不同，竞争面临的问题及解决措施也完全不同。在瞬息万变的市场大环境下，品牌升级、品类升级、渠道升级等随之而来，包装设计必然面临变革。

包装设计的形式与功能创新正在变得多元且智能化。2017年3月24日，天猫推出了一款叫"天猫小黑盒"的产品，很多人以为它是用黑色盒子做包装的实实在在的产品，等到上线才发现是个"虚拟包装"。这个概念性的"虚拟包装"下的产品，是通过大数据分析用户的偏好，根据这些偏好推送的各种品牌新品。对天猫来说，这是一个新型的营销平台；对于品牌商来说，这是一个精准的推广渠道；而对于用户来说，则是一个得力的智能助手。2017 年在 FBIF 论坛上，摩托罗拉的首席设计师 Ong Wongawa 在他的演讲中提到了一个他完成的名为 Nutrilinx 的包装设计项目，Nutrilinx 保健品每倒出一片，瓶盖就会自动计数，而与之配套的手机 App 则会提醒你当天应该补充哪些维生素。

无论是国内外一线快速消费品品牌，还是各品类领域的创新品牌，都开始尝试包装层面的创新突围。包装设计的市场走向已经发生了巨大变化。这些年出现了太多让人惊喜的包装设计带动品牌增长的案例，也不乏明显的失败案例。本书基于中国市场消费习惯变化及不同品牌发展阶段面临的挑战，深度剖析多个或成功或失败的案例，探究包装设计的发展方向，让设计类书籍不再仅仅是单纯的案例展示，让更多品牌工作者了解成功的品牌包装设计所需的系统战略思维。本书是一部带你了解包装设计的商业价值、社会价值的实战书籍。

目录
C O N T E N T S

前言

第一章

消费升级 4.0 时代，驱动变化的内核

一 品牌包装设计1.0~4.0时代

任何经济形态的发展和变化必然是政治、经济及社会人文环境变化的综合结果。消费群体的变化倒逼着业态变革。在这里，我将品牌包装分解为1.0~4.0时代并以消费发展变化为例进行诠释。消费1.0时代，人们需求比较简单，目的性较强，消费场景以零售为主，只是解决生活的基本需求；消费2.0时代，消费者出现了多样化诉求，市场需求细化；消费3.0时代，电商突起，消费模式不断变化，各品类出现消费升级和迭代，品牌寻求与人们的消费心理产生情感或需求层面的关联或共鸣。而我们身处的大数据与消费分级的今天，则是4.0时代。包装设计的变迁，也在相近的经济环境、人文环境变化过程中，一步步更迭。不同消费时代，包装所承载的作用也不相同。

1. 品牌包装设计1.0时代

新中国成立初期，各方面物资都比较匮乏，在计划经济体制下，市场供需严格把控，大量生活用品采用配额制，通过粮票、布票、肉票等媒介进行交换。消费者处于被动式的计划消费，商品种类稀少，选择范围窄，需求难以满足，商品销售主要是供销社形式，以柜台销售为主。

品牌包装设计1.0时代由于还不是市场经济，商品通常有价值但没有市场价格，产品流通大多数基于分配而不是交易，就算有钱，没有对应配额的票据也是无法购买商品的，在销售终端，消费者也没有选择商品的机会。商品包装在这个时代的主要作用体现在保护商品在运输过程中不会破损，以文字描述明确产品类别，方便柜台销售人员分辨。由于印刷技术和生产力不发达，多数生活必需品都是以散装或裸装形式出售，一些高价位的商品拥有独立包装，但是包装形式简单，单色印刷为主，唯有香烟包装属于这个时代的"另类"。由于不存在品牌间的竞争，香烟包装设计与同时期美国市场有着完全不同的设计倾向。包装设计主题围绕品牌名称创作，多以具象绘画形式表达。由于包装设计还未出现职业化分工，从事包装设计工作的多数是美术教育工作者或画家，包装设计表现更偏向装饰性。"包装设计就是在外盒上画画"这一认知也是这一时期形成的。

2. 品牌包装设计2.0时代

伴随着经济体制的改革及发展，人们的需求得到了全面的释放。在市场经济发展初期，面对中国庞大的消费需求，产品只要能生产出来就不愁卖，这是产品主导时期，也称"产品为王"时期。随着产能的不断扩大，新竞争者不断入局，消费者可选择的产品范围变宽，渠道成为继产品后另一个必不可少的重要因素。掌握了渠道就掌握了消费者购买产品的端口。当年娃哈哈建立供销联合体，与经销商分享利益，在市场竞争中所向披靡，其创始人曾一度问鼎中国首富。

也正是这一时期，可口可乐、宝洁、联合利华等大批外资企业纷纷进驻中国，西方先进的营销及传播理念成为中国企业学习的榜样。如果说这些跨国企业的品牌运作方式和"打法"与中国本土企业的实际情况存在差距，那么秦池酒业在央视黄金档竞标中一夜成名的事例，可以称之为中国本土企业量身定做的教科书式范例。央视黄金档的广告招标大会，也成为判断中国各行业发展态势的风向标。再后来"一句广告语＋形象代言人＋中央电视台"，成为企业创建品牌、打开市场的通用法则，至今仍被一些企业运用。

这个时代的包装设计依附于品牌传播，是品牌传播的一部分，包装设计形式完全模式化，视觉中心区是品牌名称与产品名称，中心区下面是产品呈现，例如某某牌巧克力冰淇淋，上部分肯定是某某牌的"品牌名＋产品名"，下部分肯定是巧克力冰淇淋照片或插图。这些依托广告传播的略显模式化的包装设计最早来自雀巢、达能、联合利华等全球性品牌，为避免不同国家、地区间因存在文化差异进而产生对产品认知的偏差，包装设计以快速地传递品牌印记及精准地表达产品属性为设计准则，也便于配合强势的媒体推广达到对消费者实行批量化启蒙教育的目的。

这个时代，消费决策基本交由广告完成，消费者的购买意愿在未到达终端购买之前，大多数已经锁定某个品牌，多数消费者去终端并不是去选购商品，而是去提货，所以醒目位置的品牌印记是包装中最重要的辨识基础。包装设计品名一定要大，这样做的目的是简化消费者终端的辨识成本，让购买决策成为无须过脑的习惯行为。

3. 品牌包装设计3.0时代

随着互联网技术发展，去中心化、扁平化、自组织成为互联网传播的特性，各产业间的生产方式、生产关系和要素都开始重新组合或重构，人们因互联网实现了充分、即时的彼此连接和相互影响。在这样的环境中，中心化媒体的影响力显然在逐步下降，伴随而来的是传统的"大品牌"打法效用降低。精准营销概念兴起，相对于中心化媒体"有一半广告费在浪费"的无奈，互联网提供了更精准的用户扫描，可以让广告触及每个产生需求的 IP，每一个 IP 背后都是需求明确的消费者。

虽然营销比之前精准了很多，但商品供给饱和发展的态势，让大多数品类出现供大于求的情况。电子商务融入人们的生活，一定程度上也改变了人们的选购方式和习惯，"货比三家"不再需要跑遍每个角落，在电商平台上，关键词一搜索就可以瞬时实现货比几十家。这让商品价格透明的同时，无形之中也打破了许多行业的传统规则。

因而，互联网兴起的阶段，也是大批传统行业面临机遇与挑战的重要时刻。能够迅速应对变化的品牌迎来了前所未有的增长机会，当然也有大批无法适应变化的品牌在这个过程中惨遭滑铁卢或直接被淘汰。与品牌的紧张竞争态势不同，新兴一代消费者以前所未有的接受度与活跃度推动着整体消费趋势的发展变化。

在品牌包装设计领域,这一时期主流的包装设计创意法则是USP(Unique Selling Proposition)理论及品牌形象理论,即在品牌格调或品牌价值主张框架下,运用某种视觉表现形式(图形或文字),将独特的差异化卖点转化为消费者可感知的价值沟通点。例如纯牛奶品类里,高钙纯牛奶在包装上会突出钙对人体的作用,有机纯牛奶在包装上会强化自然生长的联想,儿童纯牛奶在包装上会采用卡通形象等。虽然这一时期品牌包装设计比之前的有了一些进步,但依旧是"我说你听"的单向传播形式。

4. 品牌包装设计4.0时代

随着"80后""90后""00后"成为主要消费群体,互联网时代个体开始崛起,用户需求变得多元,呈现出长尾效应,消费升级促使更多的消费者开始追求商品的附加值。品质、审美甚至是人格认同都成为消费的动因,越来越多的人购买一种商品或服务,只是出于喜爱而非物质需要。消费更加注重个性化、情感化和社交化。随着消费动机的改变,"冷冰冰"的标准化产品开始逐步被"有温度"的定制化"非标"产品替代。

消费者需要的产品,不仅在功能上满足他们的某个"痛点"需求,还要在情感上,让他们对产品产生一种"连接感"。产品打造需要从3个层面来实现:物理层面要求有用——需要考虑不同层面的功能差异点；沟通层面要求"有趣"——能够与用户愉悦的交互；情感层面要求"有爱"——打造文化与情感的共鸣点，形成共同的价值群落。

今天，消费者与品牌之间的关系也发生了很多变化，品牌不再是企业设计好的完美框架，而是流传于用户间的口碑和印象，这一现象在互联网领域尤为普遍，用户正在以不同的方式参与品牌的塑造与传播，企业该如何建立和加强这种与用户的链接？是所有消费品企业面临的问题。

品牌设计思维的迭代既与时代特征相关，也与品类发展的竞争态势相关。不难发现，在某些弱竞争的品类中，1.0 时代特征的包装设计依旧大量存在，但相信随着竞争的加剧，其必将发现原来方法已经失效，并且不可避免地要去思考失效的症结所在，以找出解决方案，正如现在某些激烈竞争的品类。

二　为什么过去所向披靡的方法开始失效

1. 大品牌的困惑

最近几年，许多快消品品牌都感受到消费者的喜好变得越来越难以捉摸，广告的作用不再像以往那么有效，经过层层审核最终上市的新品成功率也越来越低。据尼尔森统计的数据显示：2014 年尼尔森跟踪的 15000 个上市新品，到了 2015 年，市场上只能找到 50 个。2017 年上市新品个数为 25473 个，虽然比 2015 年增长

15%，但这些新品大多成了短周期产品，70% 的新品存活周期不足 18 个月。即便是很多存活下来的新品，也都"举步维艰"，生命力极度脆弱。但也有一些新兴品牌，它们没有长久的品牌积淀，也不花费巨资在媒体上进行广告投放，甚至连像样的广告片都没有，渠道能力更是单一，却在"推新难"的当下迸发出惊人的市场增长力。

在宝洁、联合利华、可口可乐、达能、雀巢等跨国型消费品公司营销部门工作过的人都听说过 HBG（How brands grow）理论，它由 Byron Sharp 教授提出，在快速消费品营销领域相当于《圣经》的地位。理论主要揭示了用户购买和销售增长的模式，包括 3 点：①渗透率（Penetration）；②被想得起（Mental availability）；③能买得到（Fiscal availability）。将 3 点对应到品牌端、媒体端、渠道端，得出公式即：**"大品牌"×"大媒体"×"大渠道"= 市场占有率**。

要做一个"大品牌"，就会有很多用户。通过不断增长用户，品牌势能与产品销量才能持续增长。尽量使用"大媒体"，因为"大媒体"能让消费者想得起，然后要进入"大渠道"，因为"大渠道"才能让消费者买得到。

10 年前，很多大品牌就是这样做的，他们每年只拍几个广告片，找到中心级大媒体进行投放，再与渠道端处理好关系，日子都过得还不错，这也是消费普及时代最经济、高效的品牌打法。

但今天我们不难发现，品牌端、媒体端、渠道端都在发生巨大的变化。

2. 品牌端的变化

据相关数据表明，过去 10 年，"大品牌"们凭借"大媒体"加"大渠道"，牢牢把持着 50% 的市场份额，但今天各个品类里"大品牌"的市场占有率都在快速下滑，很多品类中"大品牌"的市场占有率不足 25%。

消费者的需求越来越细分，比如以厨刀为例，从厨刀的变化就能看出这一点。原来普通家庭基本上一把菜刀包揽一切，切蔬菜、切肉、剔骨等都由它完成，而现在，普通家庭至少配备 4 把以上的厨刀。细分市场成为很多小而美品牌的制胜之道。消费者的品牌偏好也在发生变化，人们开始追寻更有调性和使命感的品牌，品牌开始成为具有相同价值观人群连接的平台。

3. 传播端的变化

分众传媒创始人江南春在一次公开演讲中提到：在过去媒体中心化时代，各大电视台、主流报刊把控着人们的主要信息来源，一定意义上左右着"人心所向"。媒体传播的核心是对受众时间和空间的占据，时间越长效果越好，空间越大效果越好。比如在电视媒体中心化时代，以家庭为单位，工作的大人，上学的孩子，退休的老人，一家老小在电视机前吃晚餐、看电视，从七点钟的新闻联播，到七点半的天气预报，再到焦点访谈和之后的八点黄金档，这也是那个时代为数不多的娱乐方式之一，是大多数人每天生活的"必经之路"。电视成为人们为数不多的外来信息的来源。

当时只要广告做得够响亮，就有很大可能直接引导消费者的购买决策。广告在促进销量的同时也快速创建了品牌，而且这种方式虽然投入较大，但简单快速又无比高效。一夜成名完全不是难以想象的事情，现在市场上一大批知名品牌都是在那一时期成长起来的。

随着移动互联网的高速发展，信息的资源和触及路径变得前所未有的丰富和多元，媒体中心时代被彻底改变。传播越来越趋于碎片化甚至粉尘化。我们不难发现同一场景下，人们获取信息的平台和方式有了很多不同——微博、微信、头条、抖音、淘宝、京东、拼多多、小红书，网剧、王者荣耀游戏、罗辑思维节目等，品牌与消费者之间的传播路径也前所未有地多。媒体的可信度在不断下降。同时，在广告浸染下成长起来的 90 后、00 后们对传统的传播套路产生了"免疫抗体"。

4. 渠道端的变化

10 年前，便利是稀缺的，消费者每完成一次购买都有一半时间耗费在路上，比如你要买一斤肉和一支灯管，需要先规划路线，怎样到达这两家店会比较省时，在一家店买好东西后，再赶往下一家店。如果能有大型市场把众多高品质或"大品牌"的产品聚集在一起，将多次购买变成一次搞定，购买效率将得到不止一倍的提升，节约下来的时间可以干其他事。于是在过去 10 年，超市如雨后春笋般开遍大江南北。对于品牌来说，掌握了渠道资源就占据了流量的入口，渠道端看不到，传播端再怎么"狂轰滥炸"都没有用。

而随着电商的崛起，便利变得那么稀缺，对于很多非即时性消费的商品，如果线上线下价格出入较大，人们更愿意通过线上购买，延迟满足，线下门店迎来了"关店潮"，以家乐福、沃尔玛为代表的大型商业超市不断关店、裁员。以沃尔玛为例，2016年全球关闭 269 家门店，裁员 1.6 万人；2017 年上半年，沃尔玛在中国关闭 16 家门店。

2016 年 10 月中旬，马云等企业家提出了新零售概念，线上线下将走向融合，通过"坪效革命"、"数据赋能"、"短路经济"来提高原有零售行业的效率。无人超市、无人货架、刷脸支付等新物种开始蓬勃发展。

值得注意的是，自 2014 年便利店起步发展到 2018 年，中国便利店整体行业规模已经达到 2264 亿元，增速约 19%，门店数量达 12 万家，单店日均销售额接近 5300 元人民币，同比增长超 7%，增速显著高于零售业其他各业态。从发达国家或地区的人均拥有便利店的数量来看，便利店在中国的发展空间巨大，比如韩国，人均便利店数为每 1500 人拥有一家便利店，日本是每 2200 人拥有一家便利店，台湾是每 2300 人拥有一家便利店，而中国大于每 60000人拥有一家便利店。未来便利店将成为众多品牌商正面角逐的"战场"，产品间的竞争会更为激烈。

5. 工业化时代营销构建的购买决策失效

品牌端、媒体端、渠道端的变化，使得由"三端"构建起来的消费者购买决策体系开始失效。

在过去，线下看不到评论，人们更愿意购买知名大品牌，因为知名大品牌持续的广告投入，除了加深消费者的记忆外也能一定程度增强品牌信赖感，比如同样是氨酚伪麻美芬片，人们会更倾向于指名购买白加黑，而不是产品包装上同样写着氨酚伪麻美芬片但不知名品牌的产品。

但现在人们购买新品牌产品时不管广告描述得多美妙，都会自行在脑海中将广告分类为"广告信息"而不是 100% 可信赖的信息，尤其在选购价格高的商品时，相较广告他们会更信赖第三方测评信息。现在口碑好、产品质量过硬而没有做太多广告投放的品牌也慢慢有了出头之日。同样价格下，5 星好评的不知名品牌和 2 星评价的知名品牌，多数消费者更愿意选择前者。朋友推荐、电商评价、网红推介、各类 App 口碑搜索等都成了消费者购买决策的支撑。"便携外脑"的支援要比看起来花了大价钱播出的硬广更值得信赖。

《绝对价值》书中提到随着技术的不断发展，消费者有更多机会接触到产品的绝对价值，他们变得越来越理性，绝对价值开始变成消费者下单的关键因素。书中用三句话总结了消费决策的三个新趋势，分别是："沙发跟踪"、"当机立断"、"理性至上"。

由这三种趋势构建出新的推动消费者购买决策三要素，它们分别是：个人感知（Prior），他人评价（Others），企业营销（Marketers），三要素间相互作用，形成新的消费决策影响力模型。

个人感知：在掌握的信息量偏少时，"个人感知"往往模糊而不稳定，非常容易受到环境的随机影响，由于信息的不对等，人们在做购买决策时都希望找尽可能多的信息来支撑其做出最优的决策，这是人的本性。

他人评价：它包含个人感知和企业营销以外的所有信息来源，比如：其他用户的评论、专家或 KOL（关键意见领袖）观点、比价工具等其他先进的技术或渠道。大众点评的崛起很好的说明了消费者对第三方评价信息的认可。"他人评价"已经渗透到我们购物的方方面面，成为我们做出购买决策的重要推动力。

企业营销：它属于企业正常的营销推广信息，具有明显的立场，常会被认为是值得怀疑的，比如 2005 年三鹿奶粉广告铺天盖地，多个电视台都在播"三鹿婴幼儿奶粉，配方科学合理，更适合中国宝宝体质"的广告片，2008 年三鹿奶粉爆出三聚氰胺事件，令中国乳企迎来整体发展寒冬。常见的企业营销如硬性广告，在今天很难让消费者产生浓厚的兴趣，因而，创新的企业营销方式也成为重要"课题"。

"他人评价"的崛起压缩了传统"企业营销"在"个人感知"中的权重，口碑开始取代品牌广告成为品牌传播的杠杆，比如在年轻人中大火的喜茶、三顿半等新兴品牌都在社交媒体里获得大量消费者自发的关注和喜爱。很多消费者在社交媒体上分享三顿半的喝法以及用完后包装的玩法，很好地传播了品牌。

6. 中国独特的消费文化形成

在欧洲或美国，80% 的市场被为数不多的几个品牌巨头占有，比如达能、雀巢、宝洁、可口可乐、百事等，剩余 20% 市场被高端或低端的小众品牌占领。

但在中国，由计划经济转型为市场经济再到加入 WTO 融入全球化的发展过程，造就了中国市场结构的独特性。竞争更为多元化的同时也衍生出各类仅存于中国的市场现象。整个行业无领导品牌或领导品牌市场占比不超过 20% 的 "蚂蚁市场" 在中国普遍存在。伴随中国经济高速发展，受互联网和移动互联网洗礼的新成长起来的年轻一代消费者，已逐步形成特有的消费文化，他 / 她们愿意拥有 LV、GUCCI 等高端奢侈品，也愿意坐在路边大排档享受市井美食。他 / 她们的崛起也让各种国外适用的模式和规则开始在中国市场失效。

概括来说，现今中国消费者的购买选择更为理性，不会被品牌的自说自话轻易打动并建立信任，但同时也更为感性，愿意为自己喜欢的产品买单，而对喜欢的定义极为丰富。

当广告普遍难以影响消费者决策，或很多人都在碎片化时代尽量剔除广告的情况下，终端与消费者直接面对面的产品包装则成了消费者与品牌产生关系的核心纽带。包装在消费者决策变化的过程中迎来了更重要的使命。尤其在快消品领域，单价不高，试错成本低，人们不会作过多的筛选思考和准备，大多为即时性购买，且产品价值差异化也不明显，这个过程中，包装对消费者的引导和吸引以及促进决策的能力更成了重中之重。

基于消费者和消费环境的变化，包装迎来了新的机会。事实上也正是以饮料、食品为代表的快消品成了包装创新的领头羊。

第二章

商场即战场：品牌包装设计的竞争性

　　长期以来，包装设计的学术理论忽略了品牌包装在中国残酷的市场竞争中需要具备的多维能力，许多观点对品牌包装设计的描述显得过于诗情画意和片面，例如"包装设计应该用艺术的魅力去吸引消费者，指导消费者，陶冶消费者的心灵，成为促进消费者购买的主导因素"。这句话看起来很有道理，但是在瞬息万变的市场环境中，艺术魅力只是吸引目标消费者的方法之一，不是唯一的方法，而且不同品类的品牌产品吸引消费者的主导因素也各有不同。以快速消费品为例，促进消费者购买的主导因素可能是产品包装设计上有趣的沟通方式，也可能是产品包装上"买二送一"促销信息的诱导，还可能是产品包装人性化的设计带来了良好的使用体验，从而促进了消费者的购买决策……

　　在品牌和品类发展无比饱和的今天，品牌间的竞争已经白热化。站在货架前，随便一个品类都能找到三五个品牌，有些品类品牌更是多达数十个。例如饮用水品类，全球性品牌、全国性品牌、区域性品牌、自有品牌应有尽有。在激烈的市场竞争中，我们更需要重新认识包装设计，客观地看待包装设计的多维价值，通过对包装设计的有效利用，让产品在激烈的市场竞争中赢得先机。

一　　用包装赢得战争

　　1795 年，拿破仑主导的法国政府贴出布告，宣称如果有人能发明出使食品长期保鲜的方法和器皿，便可以获得 1.2 万法郎赏金。

一旦发明实现，将给法国带来军事上的巨大优势，让军队不必担心粮食补给便能快速进入新领地。经过漫长的等待，直到 1805 年，法国食品商尼古拉·阿珀特经过反复试验，终于发明了世界上第一瓶罐头。他的发明完全是偶然，据说，一天在整理物品时，他发现一瓶放置了很长时间的果汁没有变质。这个有违常理的现象引起了他的注意，他细心地察看着这瓶不寻常的果汁，终于找到了答案。原来这是一瓶经过煮沸又密封很好的果汁。这一发现给了他启发，于是他将一些食品装入广口瓶，在沸水中加热半小时以后，趁热将软木塞塞紧，并用蜡封口，果然可使食品长时间地保鲜，玻璃罐头就这样发明了。拿到赏金后的尼古拉开设了全世界第一家罐头工厂，为拿破仑政府提供军需物资。

1810 年，英国人彼德·杜兰德发明了镀锡铁皮罐头，即我们现在俗称的"马口铁"罐头。当初他发明这种罐头只是为了小规模地销售一些不超过 30 磅的肉类。两年后，他的朋友布莱恩·唐金和约翰·霍尔看中了这项技术的商业价值，经协商后，两人以 1000 英镑获得了这项专利，并成立了马口铁罐头生产厂，获得了大额英军订单。

1815 年，以英普为主的盟军在比利时小镇滑铁卢大胜拿破仑，这次战役结束了拿破仑帝国，拿破仑战败后被放逐至圣赫勒拿岛，自此退出历史舞台。不能说马口铁罐头在英军中的运用是拿破仑滑铁卢失败的重要因素或决定性因素，但应该算得上不可忽略的因素。尼古拉·阿珀特发明的玻璃罐头为拿破仑进行有效率的长线作战提供了可能，保质期的延长和食物获取的简化成为高效做战的有力保障，但玻璃制作成本高，封装方式麻烦，而且在运输这些食物罐头时需要小心翼翼，只能走尽量平坦的道路，稍加颠簸就可能会造成玻璃瓶破损。而彼德·杜兰德发明的马口铁罐头，除了具备更好的包装密封性和运输便利性外，还具有保质期更长、携带更便捷的特点，相较尼古拉·阿珀特发明的玻璃罐头更胜一筹。

中国有句谚语叫"兵马未动粮草先行"，可见食物储备与运输在战争中的重要性。一次又一次食物的运输和储备改进，也成为国家的发展战略之一。

二　用包装赢得市场

从品牌包装设计发展历程来看，最早将品牌、产品、包装、广告营销结合起来的人是桂格燕麦的创始人克劳威尔。一百多年前，他结合产品包装，注册商标，广告传播和大规模促销活动，将一种散销商品转换为注册品牌商品。

1881 年，克劳威尔买下了由亨利·D·西摩和威廉·海斯顿建立的因经营不善濒临破产的桂格磨粉厂。1883 年，克劳威尔正式向政府登记为"桂格燕麦公司"（Quaker Oats Company），克劳威尔没有采用新的公司名称而是继续沿用"桂格"为名，他非常认同当初亨利·D·西摩和威廉·海斯顿注册的桂格商标"一个穿贵格教服装的男子"，认为桂格教徒是品质与诚实价值的象征。在此之前，燕麦粉都是由生产商交给售货商散装销售，售货商为了赚取更高的利润，往往会向燕麦粉里添加各种各样的杂质，比如豆粉、杂草粉甚至砂子。克劳威尔认为"质量第一，货真价实，值得信赖"是他卖出产品的保证，如同贵格会基督徒信仰一样纯正。

为了保证桂格产品的品质，克劳威尔改变了原来的大包装散销方式，制定统一的小包装封装规格，产品大小重量都一致。包装盒正面由注册商标、品牌名称、产品品类名称、燕麦图案及企业相关信息构成。在包装元素布局安排上，注册商标"一个穿贵格会服装的男子"图像占据了整个包装盒1/4位置，品牌名称和产品名称其次，最后是辅助类信息和强制信息。包装上的红、蓝、黄都是来自贵格会服饰的颜色，在包装的另一面则印有食谱，指导消费者如何煮才会更营养更美味。一百多年前，桂格的产品包装奠定了品牌包装的基本构成要素，直到今天，依旧是大多数品牌包装设计的参考准则。

借用这两个故事也是希望无论设计师还是品牌工作者都能清晰地认识到，真正影响深远的包装设计一定在某种程度上解决了人们的需求或产品层面面临的问题。商业竞争虽不似真正的战争鲜血淋漓，但也实实在在困难重重。不同于艺术家主观意识强烈的艺术作品，品牌包装设计的核心仍然是解决品牌在竞争中遇到的问题，而任何理性的思考或感性的运用，都将成为解决问题的手段，而不是设计师自我个性的放飞和主观情绪的抒发。

今天，品牌间的竞争比以往任何时代都激烈，明天这种竞争会更激烈，当增量市场变为存量市场时，业务的增长来自哪里？毫无疑问来自竞争对手。

回归真实的购买环境，一般消费者购买一个产品，尤其是新创品牌的新产品，不可避免都会在脑海里问 3 个问题：这是什么；有什么特色；为什么比其他的好。但是很多新创品牌的产品包装设计，并没有在品类竞争现状及消费者真正关注的基础问题上，给出令人信服的解决方案。

三　用包装保持高效沟通

1. 包装的显性成本和隐性成本

成本是市场竞争无法绕开的话题，谁占据了成本上的优势，谁的产品在市场上就有更多被选择的机会，产品包装的成本控制也是各企业非常关注的重要指数，它的一分一毫都会在财务报表上体现。不过多数人对包装成本的认知仍停留在显性成本上，即我们肉眼可见由包装材料构成所产生的费用。而对包装存在的隐性成本虽有所感知，但难以真正道出一二加以规避。

隐性成本之一：包装的传播成本

传播成本是经常被提到的词，传播是品牌推广的核心，产品包装作为品牌传播的重要组成部分，以降低传播成本为基础是非常必要的，代表品牌的产品包装会随着推广出现在各类媒体，面对海量的视觉信息干扰，产品包装便于识别和便于传播变得尤为重要。

不难发现，现在的很多成熟品牌的包装升级方向越来越简洁，尤其是全球性品牌，例如最近雪碧的产品包装升级，除了字体进行了更新设计外，围绕字体周围的抽象线条删除了，原来占 logo 比例一半的黄色柠檬图案由一个黄色小圆点代替，新设计整体更为简洁和聚焦。这里既有法规的要求，也有在信息粉尘化时代越简洁的设计语言越容易被传播和记忆的现实考量。

隐性成本之二：包装的沟通成本

固然降低包装的传播成本很重要，但单从信息传播角度看待品牌包装设计，其实是对品牌包装设计的片面理解，也正是这种片面理解的存在，令包装设计难以发挥它的巨大潜能。其实，仅仅做到传播成本低是不够的，传播成本低、沟通成本高的包装设计在市场中并不少见。传播的根本目的在于传达信息，而在视觉干扰强、竞品林立的终端，单个品牌不可能独占消费者的时间和空间进行信息传达，大多数产品周边都有多个竞争者，能真正促进消费者产生购买决策的包装设计一定具备优秀的沟通能力。包装设计降低传播成本的目的是便于消费者在品牌传播过程中提高记忆效率，而降低沟通成本的目的，则是便于在终端促进消费者购买决策的产生。

传播和沟通，是包装设计必不可少的、与消费者产生关联的环节，由于传播和沟通成本高昂，在终端被消费者忽略的案例数不胜数，但基本不外乎这几种情况：

（1）信息表达结构混乱

大多数品牌产品的包装面积本身有限，需要与消费者沟通的信息又非常多，比如：品牌识别信息、品类宣示信息、价值沟通信息、法律法规要求信息等。如果信息结构的层次感无法快速根据信息沟通的主次关系进行归类，包装的整个版面会显得杂乱无章，每个信息都在抢夺消费者的注意力，导致沟通成本偏高。

（2）核心价值沟通失焦

很多企业进行包装设计时有两种情况：一种是感觉自身产品有非常多的卖点，都很有特色，所有卖点都希望触动消费者，都想在包装上体现；另一种是自己也说不出什么卖点来，领导品牌怎么做，我也怎么做。第一种情况因为想要体现的卖点太多难以取舍，核心价值沟通失焦，想让消费者都记住，结果一个也没记住。第二种情况是产品卖点过于泛化、通用，缺乏能触发记忆的开关。核心价值沟通的失焦，消费者对价值感知困惑导致沟通成本偏高。

（3）设计师或决策者的个人主观表达

包装设计创作方式与绘画创作方式有异曲同工之妙，所以很多设计师兼有艺术家情怀，容易将完全倾向于自我的主观表达运用于品牌包装设计上，赋予品牌包装强烈的个人情感偏好。如果是具有超高知名度和影响力的品牌，运用艺术家个性强烈的作品作为非标品或限量版的包装设计，以此提升品牌话题度和美誉度是可行的。但是如果是标准化产品，这种主观表达的方式必定导致沟通成本偏高。

2. 包装设计如何保持沟通的高效

（1）"What-How-Why"方法论

西蒙·斯涅克（Simon Sinek）在《从为什么开始》一书中提出

了非常有影响力的"黄金圆环"理论，他认为一般来说，我们的沟通分三个层次："What""How""Why"。就像三个圆环，中心是"why"，提出问题；第二环是"how"，怎么做；最外面一环"what"，是什么。这也解释了，为什么有的品牌包装能激发消费者产生持续的购买行为，有的却不行。

首先，告诉消费者你是什么，这是包装沟通最基础、最容易做到的，比如苹果汁饮料，包装上以苹果的图片或插画元素为主。接着，告诉消费者你有什么不同，比如同为柠檬茶，领导品牌维他是港式柠檬茶，强调真茶真柠檬。康师傅随后推出了"浓浓"柠檬茶强调口感更浓郁，统一推出"泰魔性"——泰式柠檬茶强调异域口味特色。包装设计体现的正是品牌的真实思考。绝大多数品牌的包装都能清晰做到"What"和"How"，但能将"Why"传达给消费者的品牌包装却不多。

西蒙·斯涅克发现，卓越的品牌不管它规模大小，不管处于什么样的行业，都是从内到外进行沟通，保持沟通的一致性。

很多品牌的包装设计，由于"Why"是基于品牌传播策略建立的，品牌核心价值观难以在包装上转换为强有力的感官识别，以助力品牌在竞争中胜出。在瞬息万变的市场环境及企业内部时间压力下，多数品牌会在时间紧迫时采用"What"的设计法则，如果时间充裕则会采用"What+How"的设计法则，类似现在市场流行的设计风格是什么，自身的产品有什么优势，随即运用当下流行的设计风格将产品的优势进行视觉转化。

而真正优秀的包装设计是将"What""How""Why"合为一体，由内到外保持沟通的一体性。也只有这样环环相扣的包装设计，才能不依附于广告传播，真正在终端保持旺盛的生命力。

（2）包装的左右脑思维，品牌与用户双项思维的平衡

人的大脑分工明确，左脑擅长功能性、分析性，富含强逻辑架构；而右脑擅长审美性、感知性，富含强情感关联。在品牌包装设计上，由于缺乏专业意见的引导，我们可以在市场上看到许多典型的"左脑思维"或"右脑思维"包装。

"左脑思维"包装注重信息次序传递、产品属性转述，整体排版结构侧重于"实用性"，但在美感、蕴含意义的挖掘与消费者情感关联及共鸣层面，几乎没有可圈可点之处。

随着消费升级的到来，典型的"左脑思维"包装触动消费者越来越难，即使产品销量尚可，大多也是依赖于强大的品牌及渠道优势，包装无法作为加分项。比如脑白金，尽管包装只是作为一个内容转述，但在媒体中心化时代，凭借强势的广告轰炸和洗脑的广告语，成就了"一山无二虎"的热门产品，但在今天这样的方式显然很难奏效。

典型的"右脑思维"包装强调艺术手法的表现、形式感差异和主观精神层面内容的输出，在消费者可感知的产品功能触点、价值沟通等环节相对较弱。"右脑思维"的包装有其先天的优势存在，在品牌高端产品和限量版中应用颇多，是产品架构中典型负责貌美如花的"颜值担当"。其适用的有效范围和产品策略非常明确，比如依云和 ABSOLUT（绝对）伏特加，每年会与艺术家合作推出一款限量版，但核心产品依然是兼具"美学"与"商业"的综合版本，持续输出消费者易感知的品牌价值。

单一"左脑思维"下的包装难以唤起消费者共鸣，单一"右脑思维"下的包装产品实效价值较弱，在今天要打造一款承载品牌价值的吸引人的包装，需要设计师调动左右脑，平衡好品牌、风格美学与用户心理。

（3）九宫格测试法

我们结合过往经验，总结了一个测试包装的小方法，在这里分享给大家。

把产品包装放到九宫格中，核心的格子不能被推开，你的产品解构后需要翻开几个格子才能被消费者辨认出。

较为成功的产品大多翻开一个格子消费者就可以辨认，哪怕只是最不起眼的一个局部（图 2-1）。

图 2-1　九宫格测试法示例

第三章

消费分级下的包装设计策略

Chapter 3

一　新场景　新人群

如果将中国的消费时代进行拆分，随着消费环境变化，消费场景从"以物聚人"到"人以群分"。食品饮料行业的主要消费群体定位愈发清晰，进而延伸出更为清晰的消费场景。

我们可以看到，营销层面新消费场景细分再细分，时间分化再分化。首先，消费者的时间被安排得满满当当，从早餐、早餐餐后、上午小饿、午餐餐后、下午茶、夜宵，都有与之对应的产品；其次，场景细化升级，比如同样是午餐但更健康，佐餐内容更丰富，餐后去油助消化，夜晚代餐无负担等；当然，还有年轻人的其他需求不断涌现，当一个品牌提出"小饿小困"后一大波食品饮料涌向这一需求点，熬夜加班的食品饮料可选项比比皆是等。除此之外，饮品、休闲食品品质升级的同时价格持续走高，气泡水、即饮咖啡、低度酒精饮料、NFC 果汁（非浓缩还原果汁）、短保质期的面包、冷链鲜牛奶、高端包装水、每日坚果、细分的坚果食品、细分的高端乳品等。品牌升级过程中，高端化、年轻化、细分化、营养化成为以上产品的核心关键词。

颇为有趣的是，在近两年的数十个项目中，80% 的产品聚焦在 18~35 岁年轻群体，且以女性为主，消费者特性为积极健康、热爱生活、追求品质。

在国内经济发展的过程中，脚、手、脑、心的经济发展模式似乎并存而非连续性发展着，也就是说，也许某些地区的女士已经买了近百双鞋，但某些地区的女士还是只有几双以功能性为主的鞋，这由她所在地区的经济大环境和她个人经济情况等因素决定。而这一部分只拥有几双功能性为主的鞋子的消费群体，似乎已经被主流品牌遗忘。

那么问题来了，品牌产品大多人群画像及品牌个性同质化严重，在趋势异常鲜明品牌目标空前一致的大背景下，品牌如何突围呢？

在这里我们仍要回归到根源思考，品牌价值有两个决定性的要素，一是品牌所在品类中的地位强弱是否能够起到主导作用；二是所在品类价值的大小。在今天，品牌价值很多时候被明显高估，消费者品牌忠诚度其实非常稀薄，包装设计过程中有效的品牌资产及产品价值评估、特性转化显得尤为重要。而包装设计虽然在表现形式上千变万化，但依托于行业的深入了解和误区扫雷必不可少，在此基础上，结合品牌及品类的发展态势提出不同的应对方案，以及设计能力的转化是包装设计必不可少的要素。

一　围绕人的需求，构建包装决策力

正如前文提到，包装不似广告可以独立占据时间或空间进行信息输出，在拥挤的货架上，任何产品旁边必定存在竞争对手，终端也是各品牌产品"厮杀"的战场。今天中国市场的终端环境，无疑已经随着移动互联网时代的到来，产生了翻天覆地的变化。

1. 企业增长与终端三要素解读

企业的增长伴随三个阶段，从市场红利驱动快速增长，到企业管理和领导力驱动的转变增长，最终进入创新驱动的产品及模式增长。中国快速消费品行业的竞争，无疑已经进入第三阶段。在这样的时代中，人们很难轻易地推演出未来，但越是难以预料、变化莫测，我们越需要寻求其中的变化内核——一切变化必然围绕一个核心展开。

回归到终端场景无论传统零售还是电商或新零售，都由"人、货、场"三要素组成。在终端决胜过程中，我们需要更深入地理解这三个要素。

（1）人——消费者

不同年龄、不同个性、不同的生长环境和不同的消费水平都会对人的喜好和特性产生影响，更好地了解"人"的需求，更深入地挖掘"人"的心理，在提升转化率和复购率的环节都有显著作用。

随着移动互联网的发展，消费者的变化比以往任何时候都更为迅速且难以捉摸。碎片化的信息和便携"外脑"的影响让人们的决策时而冲动感性，时而纠结理性，但其背后却常有基于认知和外界影响的推动因素，品牌需要真正深入了解人群才能够寻觅决策的触点。

（2）货——品牌、产品、价格

成功的产品无外乎两种路径：通过创新的手段做别人做不出

或想不到的产品；通过流程的精简做别人无法做到的价格。

　　商品与消费者见面，已经是产品流程的最终环节。从需求洞察到产品上市，中间经历了产品研发、品牌打造、包装设计、传播推广设计、生产、供应链支持、经销商、终端多道环节。为什么在早些年淘宝、天猫迅速崛起的阶段曾经有人放言电商会杀死门店？因为电商的突破大大缩减了产品与消费者见面的中间环节，带来的直接影响是成本大大降低。让人印象深刻的2015年"38扫码生活节"，在当天用户打开手机淘宝客户端，扫描某种商品的条形码，就可以查询当天淘宝上相同产品的价格，官方承诺比实体店便宜，实际上大多为半价。在当天，实体商店、超市也出现了神奇的景象，众多消费者跑到商店、超市扫码，然后走人，回到电商平台下单，可见价格对消费者的影响依然显著存在。消费升级并不是消费者变得只选贵的，相反，人们由于信息的便捷，比任何时候都更理性。相同价格，选更优质的商品；相同品质，选更低的价格。

　　因此，许多产品个性及特性不够鲜明的品类，比如休闲食品，在过去的几年中进入了无休止的价格战。2018~2019年休闲食品的步调非常值得玩味，三只松鼠减速推新，整合供应链；良品铺子高举高打，强调高端。想要跳出价格战，则需要回到第一个要素——更好地了解人，并通过品牌及产品满足他们。

　　（3）场——销售场景

　　无论是线下的商超百货、购物中心、街边小店、便利店，还是线上的天猫、淘宝、京东、当当，事实上都是在为"人"与"货"构建关联。关联的过程中有三个要点：信息输出、支付和物流。这三个要素存在于每一次购买行为中。举个非常简单的例子，某天早上，走进便利店准备买一份早餐，拿起牛奶看一下日期成分，是今天的，新鲜、纯牛奶无添加、X 品牌、恰好店铺活动比平常便宜一块钱。这个过程，消费者非常轻松地获取了产品的信息，而商品也完成了"信息输出"环节的任务。再到拿起选好的商品，走到收银台支付，付款后完成了"支付"环节。然后拿着选好的商品，回家或去上班，到达目的地，完成了"物流"阶段。事实上电商购买也是由这样的要素构成，选择商品，查看详情页信息或者用户评价，完成了信息输出环节，加入购物车然后支付，物流环节由快递完成，配送到家。

在流量红利时代，"场"的选择至关重要，流量与销量息息相关。但是在今天，流量红利殆尽，逻辑转换为"人"更重要。想必大多数人都感受到了新零售环境的转变。在过去的传统百货商场，会有不买东西的消费者请快走的气息。而在今天，人们想尽办法让消费者多停留一会，哪怕没有明确的购物需求。对用户心智的攻坚已经从直观的产品需求端延伸到时间的占据。在信息高度碎片化的环境中，能让消费者在你身上花费更多的时间，意味着消费者记住你的概率越大。

基于终端"人、货、场"的特性，包装设计同样需要有基于终端环境的深入思考。

2. 消费者购买决策的主导因素

如果问及人们在某种情况下的购买行为，很多人声称自己是在权衡利弊后才慎重做出决定的。实际上，人们做出决定的过程恰恰相反，人们更倾向于根据自己的感觉（或者预期会有何种感觉）来做决定。不然，家里就不会多出那么多购买时感觉很有用但实际却不怎么用得上的产品了。

丹尼尔·卡尼曼在《思考，快与慢》一书中写道：人类大脑"存在"两套系统运行模式。系统 1 的运行是无意识且快速的，不怎么费脑力，完全处于自主控制状态。它倾向一种本能驱动，比如当我们的手触摸到滚烫的水壶时，我们会快速抽离。而系统 2 的运行是有意识且缓慢的，对身体资源的消耗也是最大的，例如复杂的数学运算、精密的仪器操作。系统 2 的运行通常与行为、选择和专注等主观体验相关联。

在一般情况下，系统 1 处于自主运行状态，而系统 2 处于只有部分功能参与的放松状态，系统 1 不断为系统 2 提供印象、直觉、意向和感觉等信息，并且系统 2 会毫不保留地接受系统 1 的建议。系统 2 的运行原则是能少启动就少启动，能不启动就不启动，以保证体内各器官资源消耗的平衡。这也是人们为什么会相信自己的第一印象，并习惯依感觉行事的原因。

研究也表明，人习惯做出感性的决定，再寻找理性的理由，购买决策并不是一味的感性驱动。消费者的决策虽然是非理性

的，但并不是不理性和反理性的。当感性刺激无法说服消费者
产生购买决策时，理性分析就会不请自来，所以在消费者购买
决策的过程中，感觉要好、购买理由也对的产品才更容易打动
消费者。

3. "APDM"法则——构建包装决策力

在包装设计领域有"3秒定律"的说法，该理论认为：消费者
从商品映入眼帘到决定购买，仅有短短3秒的时间，所以一定要
让产品包装在货架上足够跳脱，捕获消费者瞬间注意力才是包装
设计的头等大事。但在真实的商业环境中，"3秒定律"仿佛有些
不太适用，对于知名品牌的畅销产品来说，3秒太长，对于新创品
牌新产品来说，3秒明显不够用。仅仅靠视觉注意力，还是难以促
使消费者产生购买决策，购买行为本身是一种等价交换。

当人们在终端选购商品时（这个场景可能是商超，也有可能
是便利店或街边小店），挑选的过程为：吸引→聚焦到几款商品→
短暂的思考对比→做出选择。这是购买一款单价不高的快速消费
品的大致路径（产品单价越高，消费者做出明确决策同时间就越
长）。我们将包装与人们发生关系的过程进行回顾。

首先，我们来看购买前。

包装及其上面呈现的信息是重要且常见的信息资源之一。研
究结果表明，食品包装中的信息因素是购买行为发生前最重要的
因素。人们需要某种特定产品时，会注意包装的元素。也就是

说，当消费者感到需要，但没有任何解决方案时（即明确选择某
一品牌或产品），会广泛浏览包装并进行信息搜寻。58%消费者
在评估不同的替代品时也会注意包装上的信息，核心关注点在于
需求对应点、产品特性、个体感知，即能否满足我的需要，会带
给我什么，以及给我的整体印象，且每个部分对消费者决策的
影响不同。

接下来，我们再看购买中。

消费者关于改变、推迟或取消购买决策的决定高度依赖于消
费者感知到的心理风险。

对于消费者普遍认为比其他产品风险更小的食品，包装起着
重要的作用。研究表明，与其他阶段相比，依赖信息和视觉元素
的包装在这一阶段的消费者购买决策中起着最重要的作用。食品
购买者在做最终购买决定时，主要关注包装上的信息。此外，包
装的颜色、形状和技术等其他形象因素也对消费者在商店的购买
决策有显著影响。当人们接收到他们不熟悉的产品的属性描述时，
往往很难想象产品的图像，并对所描述的产品做出反应。然而，
提供产品的真实图片可以大大提升他们对产品的理解，效用转化
的重点在于信息与视觉的整合能力，层次清晰地传递产品的核心
概念，并通过设计手段升级视觉体验和感知。

购买产品后，包装在消费者的满意反馈度方面则主要在于体验。

我们把包装与消费者产生互动关系的几个主要环节进行总结
图示（图3-1）。

这几个不同环节中，包装起着这样的作用：持续推进转化并最终在一定程度上促进消费者形成购买决策，本书将它称为包装设计的"APDM"法则。即：

引起注意（Attention）：需要思考包装在终端的醒目度，复杂环境中的应变能力，这也是与3秒定律最为契合的环节。

感知转化（Perception）：好的包装代表了品牌。品牌及产品传递的核心信息通过包装转化为用户可快速感知的功能或情感。

决策促进（Decision）：不同品类、不同品牌个性、不同产品优势，对消费者决策促进的触点都不相同。我们需要深入挖掘满足消费者对产品的需求点，并转化为能够产生共鸣促进决策的触点。

体验记忆（Memory）：视觉、触觉、交互方式等多位感官体

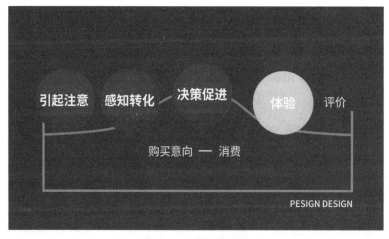

图 3-1　主要环节图示

验都会通过包装设计在消费者心中形成品牌印记，便于消费者在
再次决策时快速调取。

　　从本书基于包装调研数据整合出的线性曲线来看，大多数时
候设计师将包装当作一个视觉层面的问题来解决，仅在"引起注意"
环节投入大量精力，而包装层面进一步推动决策的思考却出现了
断层（图3-2）。这也是为什么在前文中我们说，"3秒定律"的
适用性存在问题。引起注意只是包装设计的初步环节，在今天市
场白热化的竞争态势下，包装显然需要思考更多，才能真正产生
效用和转化。

　　从终端环境对消费者产生的刺激反馈来看，重要因素依次为
包装色彩、容器结构及大小、设计构成及信息传递，其中色彩及
结构在引导和视觉聚焦及竞品陈列对比中有较强的作用。在推动

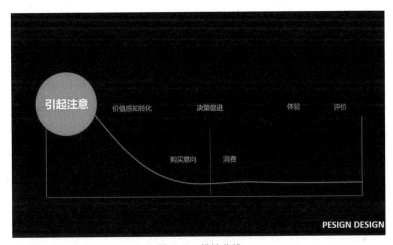

图3-2　线性曲线

最终决策的过程中，包装视觉设计及信息传递则起到关键作用。从消费者购买过程我们可以看到，在购买行为发生前，当需求产生而没有明确决策或选择的时间段，是包装所呈现内容发挥作用的重要阶段。

在过去，具备商业敏感度的品牌方最在意的是信息传递的次序，传递方式主要以文字及排版为主，但在今天，信息传递次序已经成为基础属性，甚至基于许多品类趋于饱和的发展态势，其所传递的信息敏感度大大降低。这种情况下，我们发现，大多数品牌在发展过程中，越来越在意消费者需要的是什么，而我能提供给他/她什么，表现的形式不再拘泥于单纯的文字描述，而是输出与品类高度契合的价值感知和转化。

在此，以曾经合作的一个儿童牛奶项目为例进行说明。我们发现市面上的儿童奶大多仅以可爱的卡通形象、轻快俏皮的设计风格进行表层价值输出。这样并非不可以，但却是非常典型的产品包装核心价值转化的缺失。因为大多数时候孩子自主选购后，最终发起购买的决策者会是妈妈，妈妈们会再次确认这个产品除了孩子是否喜欢还有其他更能推动她们决策的价值支撑点，因而我们最终在设计时除了以儿童视角的表现形式拉近与目标消费者的距离外，也侧重把产品的价值点进行了非常直观的感知转化，将复杂的"我富含某种营养"转化为"我可以让你得到什么"。而这也正是购买儿童牛奶的主流人群——妈妈们所关心的。

购买环节中，消费者即将决策前，其注意力大多已经集中在某几款产品上。在这个环节，包装的核心则是在于如何转化品牌的竞争优势，在消费者对比过程中使其胜出，进而形成推动决策的不可替代的理由。

消费者决策都会由这几个基本过程形成，即搜索——更易被信息传递清晰及终端跳脱的包装吸引；对比——锁定更符合自己需求（口感或其他）的产品，品牌无法满足所有消费者的需求，但好的品牌卖点必然能够在庞大的市场中吸引一部分目标人群；价值感知转化——可形成直观联想的关键点转化。做决策时另一个非常重要的关注点，则是降低可能产生的风险。在过去这样的问题大多在广告环节解决，比如通过代言人增强信赖感，通过广告语产生心理暗示等。但随着去媒体中心化时代的到来，这个重任越来越多地落在包装设计环节。

最后，产品的体验是形成复购的核心因素。首先是产品不低于期望，即包装没有夸大产品内容；其次，丰富的体验和人性化思考，这一点做得好甚至至今为止都让人印象深刻的案例是三只松鼠。早期三只松鼠以萌萌的小松鼠身份出现，一声"主人"迅速拉近品牌与消费者之间的距离，也与大多数只顾埋头卖货的互联网品牌形成强烈的差异。收到快递包裹后，上面附赠的开箱器，箱内附赠的封口器、开果器、湿巾、垃圾袋等这些在产品使用环节会用到的小配件，会让消费者感到暖心的同时并不会觉得过度包装。好评不断带来的自然是复购不断，极致的体验在任何一个行业都能得到巨大的回馈，比如海底捞、苹果电子产品。

三　　竞争优势差异化

　　差异化是在包装设计过程中出现的"高频"词汇，多数包装设计理论都会提到"设计要有差异化"，但是这种高度概括性的说辞，初看很有道理，细细琢磨，却难以有效转化。就好像"好看的包装设计能够促进销售"一样。怎么才叫好看呢？不同国家、文化、年龄、性别对好看的定义大不相同。对差异化的理解也是一样。在品类和产品供过于求的当下，消费者可做的选择太多了，品牌间的竞争变得空前激烈。差异化如何能够产生真正的效用并没有一个判定标准，因而市场上可以看到很多不顾品类特性、产品属性和消费者的价值感知转化，单以视觉表现技法为终极目的的差异化包装设计，它们存在非常明显的问题。

　　举个简单的例子，图片中是非常常见的 1 升常温纯牛奶，属于高频次购买的家庭消费品，如果单从视觉层面的跳脱度考虑，无疑是黑色款在整个品类环境中最具有视觉冲击力，但事实上这样的跳脱度非常难以形成有效的受众反馈。因为在这个过程中，消费者对产品关注的需求点和差异化输出的感知点是脱节的（图 3-3）。

　　除了表现技法差异化，还有不管产品特性和价格匹配的盲目差异化，这些差异化的产品最终都没有真正在市场上生存下来，对于很多企业来说，这些看起来"弯道超车"的差异化包装设计实际上是在"走弯路"。

图 3-3　牛奶包装对比

　　追本溯源，不难发现，回归竞争优势才是包装设计差异化的核心，色彩、造型、结构、图形、版式等因素表现在感官上的差异化都应该围绕竞争优势展开，具备竞争优势的差异化元素才可以运用到包装设计上来，通过竞争优势的可视化转化为消费者可感知的产品价值，而不是为了差异化而差异化。

　　竞争优势差异化落实到品牌包装设计领域，可以从感官优势和体验优势两个模块去构建。一个是感官优势，不管处于哪个消费时代，所见即所得一直是消费者不变的追求，不管你广告片拍的多华丽，把产品图的塑料感用 PS（Photoshop）修饰得像水晶一样的高品质，消费者在终端所见的还是实实在在生产出来的批量化产品，不会因为宣传图修得特别好看就比摆在旁边的竞品更能促进购买决策。另一个是体验优势，在品质不再稀缺的当下，基于人性思考的产品体验更容易打动消费者，从而在品牌势能和产品特征都势均力敌的竞争中获得胜利。

1. 感官优势差异化主要由五个特性构成

（1）包装规格差异化

包装规格差异化主要运用在品类刚进入快速发展期，品牌进入数量不多，竞争程度不激烈，市场容量较大，且品类中已存在市场领导者，自身产品层面也不具备明显的竞争优势，快速通过包装规格差异化抢占市场是最经济高效的方法。

可口可乐旗下的 Monster 能量饮料品牌，当年在美国市场与红牛竞争时就采用了包装规格差异化的方法获得成功。Monster 在被可口可乐收购前是一家叫 Hansen 的饮料公司，销售的主要产品是天然苏打水和果味饮料，品牌势能和市场规模都不是很大。其创始人 Rodney Sacks 在一次英国旅行时发现以红牛为代表的功能性饮料品类开始在欧洲流行起来，而随着 1997 年红牛进入美国市场，美国功能性饮料品类市场增长也较为迅速。Rodney Sacks 看准时机推出 Hansen 功能性饮料，初期市场效果不错，但随着竞争者的加入，Hansen 的市场份额快速下降，与此同时，一家区域性公司正在开发一种 16 盎司（473 毫升）的大规格能量饮料 Rockstar，与标准的 8.3 盎司（245 毫升）相比，16 盎司（473 毫升）的性价比更高，在终端阵列的感官优势也更为明显，Rodney Sacks 认为这是新的增长机会。为了不影响现有产品的市场份额，Hansen 采取了双品牌、双包装规格的运作方式，推出了新品牌 Monster 及新的产品——规格为 16 盎司（473 毫升）能量饮料。产品上市后，市场份额从 2002 年的 7%

上升到 2005 年的 17%，并在 2008 年以 30.5% 的市场份额首次超过红牛的 29.5%，成为当年美国第一大功能性饮料品牌。当然，除了包装规格差异化，Monster 的成功还有其他多方面的因素，比如色彩的差异化、品牌定位、营销活动等，这些在后面的分析会提及。

通过包装规格差异化快速切入增长市场的案例在中国也比较多见，比如：当年凉茶品类高速增长时，达利集团推出和其正 480 毫升罐装凉茶，区别于王老吉的 310 毫升罐装凉茶。宣传语则是"大罐更尽兴"，意在通过差异化的大容量包装规格抢占王老吉的市场份额（图 3-4）。再比如：功能性饮料整体增速引领行业时，

图 3-4　和其正与王老吉

汤臣倍健推出"F6"60毫升小瓶装植物能量饮料，以区别于市场常见的250毫升品类包装规格，希望通过包装规格差异化建立起"浓缩的都是精华"的产品认知，寻求新的"小容量"饮用场景，进而抢占市场。

（2）外观造型差异化

外观造型差异化对于新创品牌来说尤为重要，它是建立品牌独特性、提升终端辨识效率最有效的方法之一，也是品牌包装设计的重头戏，但外观造型差异化又是受工艺技术限制最大的。比如受成型技术、灭菌技术、生产线设备等因素的限制，以市场常见的PET瓶"热灌装"饮料为例，PET瓶身设计必须规避高温灭菌后瓶内出现的负压现象，做到冷却后产品外观不变形。大家会发现以康师傅冰红茶、统一绿茶、达能脉动、娃哈哈营养快线等为代表的PET瓶"热灌装"产品，瓶身都会有对称分布的"加强筋"及"收缩窗"。

在满足生产技术的要求下发挥创意的力量，需要设计师既要懂工艺技术的特性，又不能受限于工艺技术，甚至要敢于突破工艺技术的框定。

2017年，芬达推出全球首款"不对称"汽水瓶——扭扭瓶，这个在碳酸饮料品类看起来几乎不可能实现的不对称瓶型，引起了行业内的广泛关注和讨论，不对称瓶型为什么在碳酸饮料品类中难以实现呢？

首先，不对称瓶在吹制时容易造成瓶壁材料分布的不均匀，而碳酸饮料在灌装后气压非常强，瓶壁不均的瓶子在灌装、运输、销售等环节非常容易出现瓶体膨胀、破损等问题，对于生产基数庞大的快消品来说，一旦出现此类问题就会有灾难性的后果。

其次，不对称瓶型对生产线也是挑战，产品灌装后在生产线上高速传送，而后进入标签粘贴的包装环节，传送带上不对称瓶型受力不均，容易出现倒瓶现象，只要一个产品倒瓶就会发生"多米勒骨牌"效应，整个生产线都要停下来，造成巨大的损耗和产能风险。

最后，贴标机需要做到精准定位，保证每个产品正面品牌展示区对应瓶身位置都是一致的，如果不能保证终端陈列的一致性，不对称的效果会大打折扣。

芬达的不对称"扭扭瓶"从本质上看是依靠精准定位贴标机将品牌 logo 区固定在瓶身的不对称处，由标签与瓶型搭配构成视觉上的不对称，从严格意义上来讲并非是真正的不对称瓶，将瓶身旋转 90 度来看，它其实是个对称瓶。这个瓶型从设计到成型量产经过了非常多的挑战，比如瓶身耐高压、腰身不膨胀，都经历过成百上千次性能测试，还有对符合灌装的传送带链条、包装机过渡板等设施的改造等。每一次从作品到样品，再到产品，最终到商品的过程中，外观造型差异化的实现都聚集了相关人员的集体智慧，这个过程也要求设计师对其中的每一个环节有深入了解，能在合理的范围内进行创意设计（图 3-5）。

图 3-5　芬达"扭扭瓶"

（3）材质工艺差异化

工艺材质差异化是继外观造型差异化后又一个设计师可大作文章的地方，材质本身就自带价值或价格标签，同样一瓶水，装在塑料 PET 瓶里和装在玻璃瓶里给人的感觉完全不一样，大多数人会觉得装在玻璃瓶里面的水有更高的价值感。

但是在真实的竞争环境里，成本与效率的双重框定，同一品类、同一价格带的产品在包装材质及工艺运用上不会有很大悬殊。如何在成本与效率的要求下做出比竞品具有更高价值感的产品包装，是所有品牌都希望上市包装能呈现的效果，甚至可以通过包装材质与工艺的运用带来品类升级的感官体验。

　　Freely 是针对巴西奥运会期间推出的限量版低温酸奶，在这个项目中，设计师希望产品包装能给人带来惊喜，也能与运动的主题有所关联。温变油墨的特性让创意的实现变得容易起来，在消费者购买前的低温区，除了包装上飞翔金刚鹦鹉，Freely 的整体图案以蓝色调为主。消费者购买后，因为手温传递到瓶身，瓶身温度上升到一定温度后包装上的蓝色将慢慢转变为黄绿色，整个包装开始变得生机盎然，让人有仿佛置身于巴西热带雨林中的感觉（图 3-6）。

图 3-6　Freely 酸奶

（4）色彩差异化

色彩差异化不是为了差异化而差异化，大概率会根据品牌联想或产品特性及品类特征等进行构建。比如 Monster（怪兽），选择用黑色作为包装的差异化用色，是与 Monster 带给消费者的品牌联想息息相关的，一只绿色的爪印仿佛从黑色的罐身上蹦出来，功能性饮料的品类特征也十分明显（图 3-7）。再比如我们常见的感冒药白加黑，将产品特性与色彩差异化结合。牙膏品类运用产

图 3-7 Monster 包装

品特性与色彩差异化结合的产品也比较多，最常见的是白色膏状牙膏，慢慢出现代表清新口气的透明状牙膏，后来又出现代表多种功能的多色融合牙膏。产品特性与色彩差异化结合形成新的竞争优势在各行各业都有呈现，在此就不过多陈述了。

（5）图文沟通差异化

图文沟通差异化是竞争优势差异化的基础，在同一品类，相同品牌势能、相同价格带、相同包装容器的产品里较为常见，比如采用利乐包的牛奶品类，采用玻璃瓶的葡萄酒品类。

图文沟通差异化也是笔者在包装设计委托项目中最常遇到的需要解决的要点，比如澳特兰澳大利亚进口纯牛奶包装设计项目，品牌方明确采用"利乐钻"为包装容器，这是基于竞争环境和自身产品线要求决定的。包装设计的重点在于如何通过图文沟通设计让消费者能直观感受到产品为澳洲进口的特性。当时市场常见的进口牛奶包装上的图文沟通方式较为单一：牧场＋奶牛、奶牛＋奶杯、奶杯＋飞溅的奶花，这三种沟通样式基本涵盖近80%的进口牛奶包装。抹去包装上"XXXX"进口牛奶这行文字后，看不出是从哪个国家进口的。

经过竞争策略梳理和竞争优势提炼，我们发现，真正推动消费者做出购买决策的关键因素并不是奶牛、牧场、飞溅的奶花，而是当地独有的生态环境。随着如何更精准简练地传达出"澳特兰"澳大利亚进口牛奶竞争优势的问题逐渐清晰起来，图文沟通差异化的解决方案也跃然纸上。

在销售终端，相同品类总会集中在一处供消费者选择，根据这个特性，我们放弃了奶牛、牧场等常规沟通元素，选用了澳大利亚最具代表性的动物——袋鼠作为图文沟通的基础，营造出一幅阳光明媚的清晨，露珠从草尖滑落，袋鼠们在欢快的跳跃的画面。表现技法上选用澳大利亚民间艺术家创作的点彩法，保证竞争优势通过设计语言的转化达到精准、高效的消费者沟通。消费者一眼就能看出它传达的信息，并感受到它的美。我们对包装的正面进行整体分割，左边是纯白的牛奶色，右边是浓郁的澳大利亚风情插画，两者形成强烈的对比，在终端货架陈列非常显眼。而该包装对澳大利亚风情差异化的呈现，也使其从进口牛奶品牌中跳脱出来（图 3-8~图 3-10）。

图 3-8　澳特兰纯牛奶 1

图 3-9　澳特兰纯牛奶 2

图 3-10　澳特兰纯牛奶 3

（6）体验优势差异化

体验优势也是差异化竞争优势的重要环节，它由购买体验差异化和使用体验差异化构成。

①购买体验差异化

购买体验差异化在消费分级的当下，越来越受到品牌商的重视，在终端选购时，很多商品由于密封的需要，除了品牌商描述的信息外，消费者不能获得更多的信息为购买作决策，有时消费者会用赌一把的心态做出购买决策，但对单价稍高的商品，如果无法获得足够的信息支撑或体验支撑，消费者会主动放弃购买来规避决策风险。比如市售价 50 元的护衣留香珠，如果完全密封，只靠包装上的信息描述，对于初次接触这个品类的消费者来说，购买决策的生成比较困难。宝洁旗下的 DOWNY 留香珠的包装设计在购买体验上做了新的突破，在不破坏商品包装的前提下，摇一摇、挤一挤就能透过外盖上的 3 个小孔，闻到包装瓶内留香珠的香气，从而降低购买时消费者担心买错商品带来的金钱损失风险（图 3-11）。

②使用体验差异化

使用体验的优劣会很大程度影响消费者的复购率，在产品和品质都不稀缺的当

图 3-11 DOWNY 留香珠

下，如何在成本与效率的双重框定下做出差异化的使用体验，是每个身处存量市场的品牌主们值得花时间和力气去寻求的机会点。

比如每日坚果品类，原来大多数品牌的包装样式都是混合包装（含水分的果干与不含水分的坚果仁装在一起）。

在产品特性无法通过新技术快速迭代的品类里，运用包装在使用体验上进行差异化突围是很好的机会点。某品牌根据果干与坚果仁的特性，开发出干湿分离的包装袋，其原理是：将一个原来一体的袋子用粘合技术一分为二，含水分的果干类装一边，不含水分的坚果仁类装另一边，然后封装。未开启时两边是完全独立的包装，互不影响。开启后，只要在粘合处轻轻一拉，一分为二的袋子又变回了一体袋。

这个细微的包装改动在消费者端得到了积极的肯定，干湿分离装成为高品质每日坚果产品的标配，使用体验的差异化构建，可为品牌在存量市场带来新的增长。

竞争优势差异化的方法使用前提条件是：需要进行竞争策略梳理、竞争优势提炼，然后通过设计将竞争优势差异化转化为品牌可持续投资的资产，消费者可直观感知的产品价值点。

案例研习1 VOSS高端水的包装设计突围

笔者曾经做过一个有趣的关于"水"的实验，把玻璃瓶装的依云、VOSS，PET塑料瓶装的依云、富维克、斐济斐泉、5100、恒大冰泉、娃哈哈、农夫山泉、怡宝等不同品牌、不同价位经过包装的水倒入相同的纸杯，邀请人们进行品尝后评选大家最喜欢的一款，收集结论，再将带包装的水给相同的人群品尝，选择最喜欢的一款。最终我们发现，相同的产品，相同的人群，第一轮和第二轮用户喜好的评选结果差异达到80%以上。对于许多具备竞争关系但产品差异不大的品牌，直接影响人们判断的不再单纯是产品本身。这是个有趣的现象，尽管人们不愿承认自己的选择易受外界因素影响，但在产品没有显著区别、品牌忠诚度不高的情况下，包装会充分影响着消费者的决策，且这样的情况并不少见。

依云作为高端饮用水的强势品牌，不仅在品牌运作上，在包装设计上也一直处于领先地位，从1908年开始大规模生产玻璃瓶装水，经过100多年的市场耕耘，依云已经成为全球高端饮用水品牌的发展风向标，如何跟依云竞争是摆在所有高端饮用水品牌面前不得不去面对的问题。

挪威的高端饮用水品牌VOSS，1998年研发，2000年上市（现已被中国品牌收购，中国市场产品取水地位于湖北）。作为后来者，VOSS想要在这个品类里分得一杯羹并非易事。各个品牌饮用水在口感上的差异可以忽略不计，关于高端饮用水中含对人体有益的成分也无法快速让消费者感知到并产生购买意愿，而与竞争对手相比，VOSS既没有动人的品牌故事，也没有悠久的品牌历史，VOSS该如何用包装设计体现竞争优势的差异化？

首先应该从竞争对手的优势中寻找隐藏的劣势，而且这种劣势是它品牌基因里无法通过某种手段弥补的，做饮用水产品，水源地非常重要，这是大众普遍共识。

依云的取水点在依云小镇，它是全球知名的旅游景点，旅游景点肯定有人活动，有人活动必定就会产生人为污染，并且有人为活动这件事是依云水无法避免的，而 VOSS 的取水点在无人区，无人为污染。有人区的水和无人区的水相比，无人区的水给人的联想更为纯净。"纯净"成为 VOSS 最大的竞争优势。

但是，"最纯净的水"在包装设计上该如何体现，并转化为消费者能直观感知产品的价值呢？这是非常考验设计师转换能力的事情，优秀的设计师总能精准地将品牌的核心竞争优势以极其精练的设计语言表达出来。据说，当初 VOSS 找到设计师 Neil Kraft 时，希望 Neil Kraft 为 VOSS 开展广告宣传活动，而 Neil Kraft 认为，VOSS 需要的是一款可以重新定义瓶装水的瓶子，而不是广告宣传。虽然 Neil Kraft 对 VOSS 瓶子设计过程只字未提，对设计灵感的来源轻描淡写地归为从香水和化妆品中得来的，但根据竞争优势差异化的设计原则，可以轻松地从 VOSS 的包装上找到设计突围点。

对于看过《南极大冒险》等有关极地科考电影的人而言，一定不会忘记电影镜头里通过钻孔机从冰川深处取出的一根根圆形冰柱，这些澄澈、晶莹剔透的极寒之地产物，视觉上让人首先联想到"纯净"。VOSS 的圆柱形瓶型设计，正是巧妙地借用了这种视觉联想，水晶玻璃材质的圆柱体外形搭配银灰色的瓶盖，精准诠释出 VOSS 水的纯净与纯粹的品牌特性。VOSS 包装设计的另一个特点，是通过差异化包装外形，将以往强调对品牌 Logo 的传播，变成对包装外形的传播，提高了消费者的记忆效率。并且其还鼓励人们对包装进行 DIY 再次利用，而不是喝完水就将它扔进垃圾桶。具备竞争优势差异化的包装设计帮助 VOSS 在国际高端水市场占据了一席之地（图 3-12）。

图 3-12　依云与 VOSS

案例研习2　茶 π vs. 小茗同学，与对手显而易见的优势反向走

我们再来看中国市场，近些年激烈的市场环境中各大品牌推新频繁，但与之对应略显尴尬的却是居高不下的新品阵亡率。本书想与大家探讨的是，其中为数不多、让人印象深刻并得到市场认可且持续至今的——统一小茗同学和农夫山泉茶 π。这其实是两个非常值得深入研究和思考的包装设计竞争策略案例。

从包装层面来看，小茗同学诞生的背后是工艺技术的发展，瓶型工艺由早期的冰红茶、绿茶等茶饮料高温灭菌灌装升级为无菌灌装，一改过去受灌装技术限制的"典型技术工程师"造型特征，随之而来的是更饱满的视觉感受和更舒适的拿握手感，外观上有了更大的发挥空间。产品从研发端升级，提出冷泡茶概念，结合瓶型结构和包装整体形象的变化，小茗同学可以说是早期茶饮料品类升级非常具备代表性的成功案例。

针对小茗同学这款红极一时的产品，农夫山泉茶 π 是如何通过包装进行竞争优势差异化突围的呢？我们将其总结为：与显而易见的包装优势唱反调（图3-13）。

接下来，我们从包装构成要素的几个方面进行分析。

（1）圆形瓶 vs. 方形瓶

首先瓶体造型上，小茗同学将圆形瓶结合38毫米大口径及500毫升容量的比例协调性发挥到最优，如果农夫山泉新品茶 π 依旧采用圆形瓶，很难摆脱或超越前者瓶型的限制。茶 π 最终采用了方形瓶。方形瓶虽然在人体工程学上没有圆形瓶舒适、合手掌，但在终端，

方形瓶品牌信息展示效果更优，且在瓶型开启时，方形瓶利于手指着力，降低了饮料瓶的开启难度。在这一点上，小茗同学的外盖除了呈现出设计美感，也起到了方便开启的作用，但在早期产品中，外盖的起伏不够平滑也一定程度上影响了用户体验。

图3-13 小茗同学、茶π

（2）热缩套标 vs. 贴标

标签形式上，小茗同学采用热缩膜全包，让瓶型整体性更好，搭配高饱和度的活泼色彩，在销售终端货架上的跳脱度非常高。茶 π 如果也采用热缩套标方式，虽然外形上有优势，但是依旧难以超越小茗同学在色彩和视觉冲击力上的先发优势。茶 π 另辟蹊径，运用围贴标签的形式，将部分饮料露出来，从而让消费者一目了然地看清楚饮料的内容物状态，也快速激发消费者生物脑的本能需求，茶 π 的盖子则选择了和瓶体通透延续的高透盖，与小茗同学完全相反。

（3）卡通 IP vs. 艺术插画

沟通方式上，小茗同学突出的 IP 形象、逗趣的简笔漫画风，让各种不愿长大的"宝宝们"有了强烈的情感共鸣，秉承着"认真搞笑，低调冷泡"的品牌主张，小茗同学的品牌人格化非常清晰地呈现出来：就像邻家的搞怪小男生，有着出其不意的小幽默。品牌人格化的优势是能够快速拉近人格认同的群体，但也存在较为显著的劣势。毕竟在品牌忠诚度较低的快消品消费市场，中、轻度消费者要比重度消费者贡献的利润大得多。茶 π 采用中性化的定调，邀请不同的插画艺术家对不同的产品进行插画创作，给予较大的创作尺度，融入了更多天马行空的奇思妙想。抛开呈现出来的结果表象，深入分析我们会发现，其背后的意图非常清晰：奇思妙想而不失优雅，这与小茗同学的萌趣幽默形成了鲜明的反差。基于这样明确的设计意图，选择最优的解决方案，而并非许多跟风产品完全无目的地将产品包装与艺术风格强行关联。

茶 π 的包装竞争优势差异化突围是结合自身条件的系统化思考，从包装的每个层面寻找到竞争对手优势中蕴含的劣势，然后提出精准的解决方案。有效的包装竞争优势差异化，直指竞争对手的弱势，就像百事可乐与可口可乐竞争过程中始终强调年轻，茶 π 的竞争优势差异化转化，强化了饮料食欲感给消费者带来吸引力的同时，让对手俏皮萌趣的年轻化显得略微低龄。

当然，每个产品成功背后的因素都是多样化的。2019 年，小茗同学推出的大英博物馆系列包装颇为吸睛，品牌个性愈发活跃多元；茶 π 也换新包装，描述更生动的品牌故事。除了包装层面，品类发展的时机、产品研发能力、适应消费变化且果断多元化的营销手法以及强势的渠道能力都是成功背后必不可少的因素。神仙打架未分胜负，后面的故事我们拭目以待。

2. 竞争优势的设计美学转化

随着品牌及产品发展，商品受欢迎的程度逐步加深，影响更为广泛。竞争范围由早期的基础使用功能优劣比较，发展至品牌象征意义的偏好选择。开发产品的重心就由对制造流程和成本合理性的专注，转向由工业设计、产品包装和广告主宰的美学领域。

这并非说产品功能的开发、制造质量和成本控制不再重要，而是指这些可以靠理性学习获得的能力，不再能帮助商品产生独特性，当然也在吸引消费者的权重系数里开始不具优先地位。如何让消费者能融入由商品"象征符号"所暗示的某种理想化的生活方式里，并且和别种符号来进行一种感知与心理的"系统战"，则是美学的范畴。针对每一个产品及其特性，我们都需要深入了解竞争环境，并结合消费者心理，基于美学提出解决方案。

（1）Red Dot、iF 双项奖酸奶果食

同样非常具备代表性的案例是 2017 年获得了乳制品首个 Red Dot、iF 双项奖的发酵乳"酸奶果食"，这是作者团队的设计代表作之一。身处异常激烈的品类竞争中，设计师基于对目标消费群体的深度分析，寻求差异化的价值输出，抓住产品本身最大的特质"富含大颗果粒"，有效利用瓶型结构并将产品特质以独特而巧妙的形式呈现在消费者面前。层次丰富的大色块运用，是在有限的空间内让消费者目光迅速聚焦的有效方式。水彩的表现技法带有天然健康的视觉联想，让"酸奶果食"与终端竞品形成了明显的区隔。元素以红、黄、蓝三原色作为三种口味的主色调，也传达出酸奶果实追求"本真"的特点。果实上的奶滴与标签下半部分嘴角上扬舔舌头的画面形成趣味的呼应，直观表现产品美味的口感。而瓶型上的两个"耳朵"，与上扬的嘴角一同让包装与瓶型更为一体化，整体更具亲和力，快速拉近与消费者的距离（图 3-14、图 3-15）。

（2）Retastes 冰淇淋

2017 年，我们曾为高端冰淇淋品牌 Retastes 进行包装设计升级，并获得了 Pentawards、Red Dot 双项奖。在 2016~2017 年

图 3-14　酸奶果食（Red Dot、iF 双项奖）

图 3-15　酸奶果食（Red Dot、iF 双项奖）

冰品品种、类别数量整体下滑的态势下，只有高端冰淇淋呈上涨趋势。调研过程中我们发现一个有趣的现象：消费者对待普通冰淇淋和高端冰淇淋时，选择的食用场地和食用方式完全不同。普通冰淇淋多数消费者会选择购买后随处、快速吃掉，而高端冰淇淋则更多选择在安静舒适的空间中细细品味，享受吃冰淇淋的过程，并在其中得到放松和乐趣。享受、品味、自在这样的字眼多次出现在消费者口中，选择高端冰淇淋不再是因为单纯的功能诉求，而是带有强烈的情感需求，购买高端冰淇淋更像是对自己的一种奖赏。在这里有一个极易与消费者形成共鸣的点，就是高端冰淇淋从消费者心理上由单纯的品尝上升为"品味"的过程。

Retastes 的包装设计中，不再像大多数冰淇淋产品一样，通过食物本身来呈现它的美味，而是将美味的视觉感受与人们的潜意识行为以及对高端冰淇淋产品"享受、放松、回味"的体验融合，提炼出具有强烈品牌识别和竞争优势差异化联想的视觉符号。金色的勺子放在红唇上，在包装中以简洁易识别的扁平化形态出现，成为产品最具传播价值的视觉符号。它是消费者在"品味"的过程中高频次出现的动作，与回味、享受、放松有直观的视觉联想。在黑色背景下尤为简洁、醒目，时尚而独具格调，具有非常强的品牌辨识性，契合了产品的高端形象，是品牌最有效的沟通符号（图 3-16~ 图 3-18）。

图 3-16　Retastes 冰淇淋 1

图 3-17　Retastes 冰淇淋 2

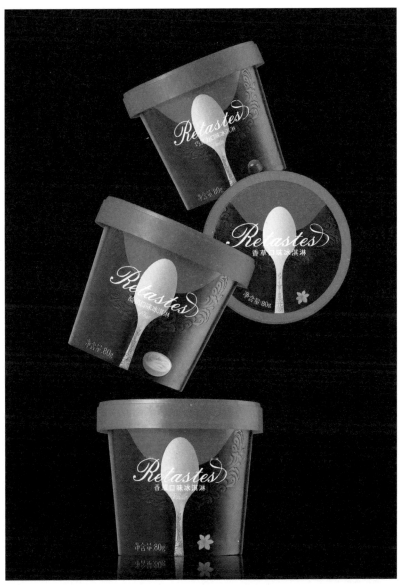

图 3-18 Retastes 冰淇淋 3

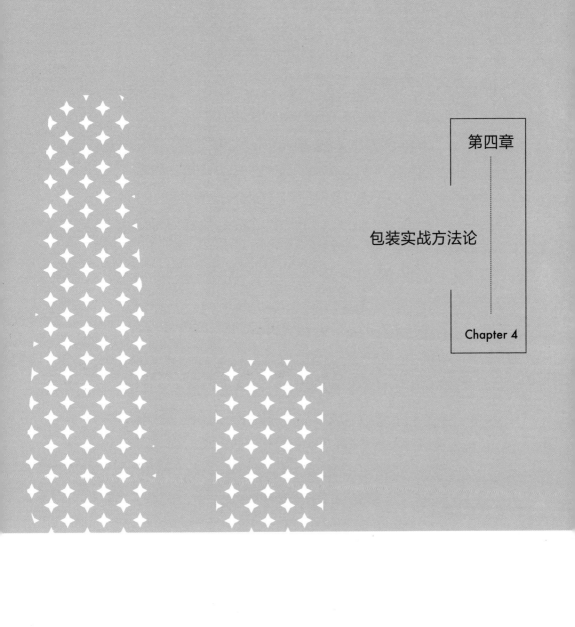

第四章

包装实战方法论

Chapter 4

一 绝妙外形

1. 包装的结构与外形在商业环境中效用的思考

　　如前文提到过的，我们曾经做过一个有趣的关于"水"的实验，将不同品牌、不同价位的包装水倒入相同的纸杯，邀请人们进行品尝后评选大家最喜欢的一款，收集结论；再将带包装的水给相同的人群品尝，选择最喜欢的一款。最终我们发现，相同的产品，相同的人群，第一轮和第二轮大家喜好的评选结果差异达到80%以上。对于许多具备竞争关系但产品差异不大的品牌，直接影响人们对品牌价值甚至产品口感判断的不再单纯是产品本身，而是结合包装造型、材质和设计风格产生的综合决策（图4-1）。这是个有趣的现象，尽管人们不愿承认自己的判断易受外界因素影响，但在产品没有显著区别的情况下，包装正充分影响着消费者的决策，且这样的情况并不少见。如果说色彩是在终端第一时间吸引消费者的关键要素，那么包装造型则是构建壁垒、形成品牌特征、便于消费者快速记忆的绝妙武器。

　　家中2岁多的小朋友喜欢喝味全果汁，偶然一次买了NFC果汁，拿到孩子面前时他端详了一下发表意见：我要喝方方瓶的果汁。方方瓶是孩子对味全果汁最深刻的记忆，在人类对文字信息和营销并不敏感的阶段，已经产生对色彩的喜好和对造型的认知。好的包装充分调动这些源于人类内心深处的感官要素，通过造型

图 4-1　依云（左）、VOSS（中）、天龙（右）

及结构，能大大降低产品的传播成本及建立品牌特性。

那么什么样的包装外形称得上好呢？

我们大体可以从三个方向来判断。第一，基于竞争环境，包装外形具备独特的辨识度和记忆点，在品牌的持续传播过程中能够成为独特的视觉资产，让消费者快速记忆并与品牌形成强势关联；第二，包装外形与品牌联想、品类特征及产品特性契合，辅助品牌及产品传播，提升认知效率，比如酸奶果食的瓶型灵感来自于奶罐。第三，洞察消费者需求，解决消费者体验过程中的"痛点"，极少数品牌能够找到这样的机会。这三点相辅相成，能满足其中一二就已具备成功的潜质。

2. ABSOLUT（绝对）伏特加——绝对独特

在品牌历史发展的初期，很多品牌凭借满足第一点（具备独特的辨识度和记忆点的包装外形）便创造了经典，其中最具代表性的案例是瑞典品牌 ABSOLUT（绝对）伏特加。1979 年，ABSOLUT（绝对）伏特加进入美国市场，但是最初并不被消费者广泛接受，彼时主流伏特加市场被俄罗斯伏特加占据，很多美国本地生产的伏特加也冠上俄罗斯的名称。大家认为俄罗斯伏特加最为正宗，对瑞典伏特加完全没有认知。ABSOLUT（绝对）伏特加瓶型还一度被人们嘲笑像医院里的药瓶，尽管它的瓶型灵感确实来源于此。但人们承认其敦实的线条，宽耸的瓶肩，较长的瓶颈组合在一起确实独特且让人印象深刻，让 ABSOLUT（绝对）伏特加绝地反击的也正是它颇具特点的瓶型（图 4-2）。

品牌营销及传播最终避开当时大多数酒类都在强调的产品品质，也将自己来自瑞典的新鲜身份弱化，围绕品名"ABSOLUT"更偏向于精神层面的含义展开了一系列颇具个性的形象塑造，将

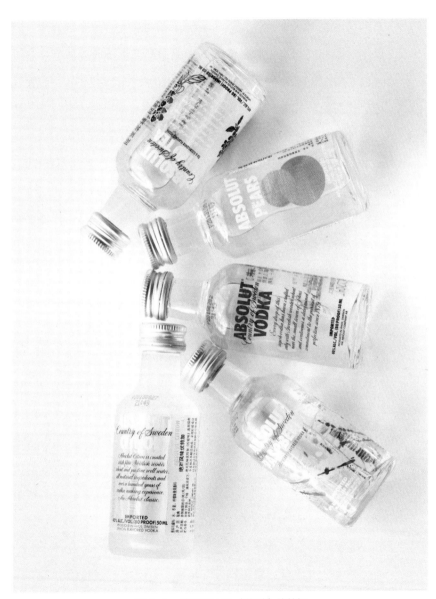

图 4-2　ABSOLUT（绝对）伏特加

其关联的绝对、十足、完全的个性化意义放大，这个过程中，其独特的瓶型结构与品牌强调的差异化调性高度契合。所有广告主题以"ABSOLUT"为首，广告画面全部围绕瓶型展开，许多让人记忆犹新的经典案例由此产生，比如由 TBWA 制作的第一则广告"绝对完美"，画面以酒瓶和光环组合；与波普艺术大师安迪·沃霍尔（Andy Warhol）合作，以 ABSOLUT（绝对）伏特加酒瓶作画，创作"绝对艺术"主题；每在一个城市热销，便以该城市命名"绝对城市"瓶型展开主题创意等活动。ABSOLUT（绝对）伏特加和它独特而具有辨识度的瓶型紧紧关联，从而被越来越多的人记住。

15 年中，ABSOLUT（绝对）伏特加的近千张平面广告大胆借势，从产品、物品到艺术、节日等，主题丰富，内容千变万化，但从未变过的是"瓶型 +ABSOLUT"的固定组合。21 世纪初，ABSOLUT（绝对）伏特加在美国市场占有率达到 65%，成为进口伏特加酒市场的领导品牌。到今天，ABSOLUT（绝对）伏特加已经是全球十大畅销蒸馏酒品牌之一，也是全球伏特加品牌里最知名、最具识别度的。在发展的过程中，ABSOLUT（绝对）伏特加具备独特辨识度和记忆点的酒瓶造型功不可没，现在消费者只要看到一个剪影甚至是瓶型的某个局部，就能意识到这是 ABSOLUT（绝对）伏特加。

绝妙外形的重要意义在于，为品牌建立一个具象且便于人们记忆的视觉关联点，基于竞争环境提出与竞品形成区隔并符合市场、消费者需求的有效方法，通过持续传播增进消费者对品牌的

好感度，强化品牌印象。通常在这个过程中，产品独特的外形易
成为品牌传播的载体和代表。

3. 看得见、摸得着的真切触动——统一

在中国近些年快消品发展的过程中，有许多成功的品牌将独
特的包装造型发挥得淋漓尽致，其中统一企业让人印象尤其深刻。

统一企业近几年最受瞩目的饮料新品无疑是小茗同学，小茗
同学独特的外盖造型对于整个产品包装来说颇有些画龙点睛的味
道，俏皮且独树一帜。但统一企业近几年的产品创新远不止于此，
单就饮料包装结构创新来讲，如果说早期的海之言、呵采等产品
瓶型虽然精巧但还略显保守，那么后续的雅哈咖啡、阿萨姆小奶茶、
水趣多、PLAN N 次方等新品就真切地给了人眼前一亮的感觉。其
中雅哈咖啡 Hey 系列、意式醇香系列、Dear 系列，在瓶型上都非
常有代表性，既兼顾独特性，又与品类属性巧妙契合，大大提高
了品牌传播和消费者认知的效率。

雅哈 Hey 系列瓶型采用 38 口径宽口瓶，瓶型设计风格灵感来
源于咖啡店外带杯，瓶身的细节棱角处理也与外带咖啡的纸质杯
套非常接近。通过瓶型与咖啡店现磨咖啡外带包装的视觉联想，
快速建立产品与咖啡品类的关联，同时提升价值感。雅哈意式醇
香系列瓶型由正反两个多边体组成，中间连接处方便拿握。不同
于 Hey 系列的是意式醇香系列，线条更为硬朗，棱角分明，造型
灵感来源于意式摩卡壶，进一步强调产品用心调制的匠心，同时

采用金属银色全包热缩膜，整体明显区别于大多数即饮咖啡瓶型带来的塑料感。

雅哈 Dear 系列与其他两个系列相比，则又有不同的体验。瓶型整体近似杯装的轮廓，敦实可爱，外盖像一顶帽子，扣上后与雅哈的视觉符号以及瓶身形成整体，一个可爱而又充满亲和力的拟人化包装形象生动地呈现在人们面前。如果说雅哈 Hey 系列和意式醇香系列侧重于产品价值层面的差异化输出，那么 Dear 系列无论从品名还是包装，都能够感受到其精神层面的关怀，亲近的、拟人化的、像朋友一样出现在消费者身边的咖啡形象，真正拿在手中时比任何广告语都更动人（图 4-3）。

图 4-3　雅哈 Dear 系列产品

看得见、摸得着的真切体验是包装能够带给人们最直观的触动，在信息传递愈发碎片化的发展趋势中，这也成为品牌与消费者沟通的核心要素。统一雅哈咖啡的外形设计，看似简洁，其实蕴含着丰富的意义。它既需要实现基于竞争环境的差异化突围，也需要把产品的特性传递给消费者。

4. 基于终端环境——用外形创新挖掘新机会

在 250 毫升瓶装东鹏特饮问世之前，维生素功能性饮料品类由于被绝对领导品牌中国红牛强势主导，所有同品类产品都跟随中国红牛以金罐搭配相近的色彩和包装版式站在中国红牛的身边，以求分走中国红牛盘子中的一小杯羹，但最终除了中国红牛，消费者没有记住任何其他品牌。东鹏特饮突破的基石，在于存在未被满足的消费群体需求及红牛包装上存在未被解决的痛点。东鹏特饮的发展起源于东莞，以东莞为样板市场，做到 1 亿销售额后向全国进军。

东鹏特饮决定在一片金色罐中跳脱出来，最终选用 PET 瓶型加防尘外盖。瓶装决策基于两个重要的洞察：第一，功能性饮料除了在大型商场、超市中销售，街边小店同样是重要的渠道，这样的终端环境卫生状况并不好，罐装的拉环口附近经常积灰或弄脏，饮用并不卫生；第二，罐装打开后必须一次性喝完，对于司机和一些不能一直坐在一处工作的人来说很不便携。基于价格和场景的目标消费群体"痛点"，东鹏特饮研发、使用了防尘盖 PET 瓶装，相同容量但售价约为红牛的一半，同时基于有限的预算，在重点市场进行与红牛相近的广告与宣传，目的在于快速让功能性饮料类的消费者认识产品属性。其独特的瓶型和品类功效，瞬间让瓶装东鹏特饮从同类同体量的竞品中跳脱出来，让消费者印象深刻。品牌意识源于人类内心深处的信赖感，即便选购价格较低的产品，大家仍然青睐于相比之下更值得信赖的。随着品牌的发展持续更新，东鹏特饮从最初借助于红牛相近的广告语强化认知，到发展过程中聚焦年轻化，并配合一系列营销手段，包装多样并不断升级，产品线补充完善并形成有效互补。而始终不变的是其瓶装最具辨识度的防尘盖瓶型，俨然成为具备辨识度的品牌核心资产。

无论新品类突围还是同品类竞争，包装的外形都起到非常重要的作用，其产生有效作用的关键点在于，产品与消费者直接接触的过程中，能够形成由视觉到触觉的多维感官体验，这样的体验在销售终端，助推消费者的购买决策，起到重要作用。

二　色彩占位

对一个人乃至对一种商品或事物的认识，可以在七秒钟之内以色彩构建的形状留在人的印象里。根据相关机构的研究表明：能被消费者瞬间进入视野并留下印象的产品，其时间是 0.67 秒，抢占瞬间注意力色彩具备天然的优势。

品牌包装可用的色彩运用看似斑斓浩瀚，充满无限的可能，设计师们常用的潘通 CU 色卡上颜色编号有 1755 种，CMYK 色卡上颜色多达 2886 种。虽然色彩看起来很丰富，但在设计过程中会发现，符合产品品类属性、与品牌格调相符，并在市场中没有被竞争对手用到过的颜色实则少之又少。

如果说包装是产品的外衣，那么色彩搭配和应用无疑彰显着品牌的格调，却又远不止于格调。色彩是人类最原始的感官印记，同时引导着人的情绪并带动内心的情感，即便咿呀学语的孩童，也能凭着懵懂的自我意识发现青睐的色彩。品牌色彩的应用绝不是单凭视觉层面的判定，而是需要综合考虑如何调动隐藏于人内心深处的对色彩关联的感官印记；如何将真正契合品牌内涵的色彩进行充分应用；随着产品推新效率提升，如何形成成熟的逻辑体系进行色彩规划；以及针对竞争环境，如何有效通过色彩占位销售终端和助推消费者的购买决策。

鹿特丹的代理机构 Bikke，将世界知名 Logo 的色彩选用倾向制作了一个可视化的"Logo Projector"，在一个多彩圆环形色盘上我们可以清晰发现，高饱和度的红蓝色系 Logo 几乎占据 75% 以上。同样在品牌包装设计领域，红蓝色系包装也撑起知名品牌的半边天，其中包括各领域的巨头代表，红色阵营的可口可乐、茅台、旺旺、老干妈；蓝色阵营的百事可乐、Tiffany、洋河蓝色经典，等等。品牌对红蓝色系的热爱并非没有原因，诸多研究表明，三原色中的红、蓝最能引起视觉上的神经反应源，进而增强记忆，且二者在生活中无处不在，被赋予各种象征意义的同时，能够充分调动人们的关联记忆。比如红色常常与太阳、火焰、血液关联，带来热情、激情、兴奋、沸腾的印记；蓝色则与大海、天空、宇宙密不可分，给人尊贵、神秘、科学、智慧的感知。紧随红、蓝色系之后的绿色系、黄色系、金属色系、粉橙暖色系甚至黑白灰色系，也都在各自适合的品类领域找到合适的位置站稳脚跟。今天，随着经济发展，物质由匮乏到极度丰富，品牌用色也从最初的快速选取最优选项，到如今谨慎小心，难以抉择。因为品牌包装色彩的应用已经如前文所说，从单纯的"视觉抉择"转化为"商业抉择"，涉及多元竞争问题，比如与直接竞品的竞争策略、消费者现有的品类认知及情感调动、周边相关品类竞争环境等都有关。关于色彩在品牌包装设计中的运用，我们大致可以分为以下几种情况。

1. 品类已存在绝对领导品牌，领导品牌的用色代表品类色彩

首先我们需要明确，品类的绝对领导品牌必须符合两个关键点，市场份额和心智占位。市场份额持续占据品类总和70%以上，在消费者心中有品牌等于品类的关联属性，才能称之为"绝对领导品牌"。中国市场上有哪些领导品牌？比如，凉茶品类的王老吉，维生素功能性饮料品类的红牛，柠檬茶品类的维他。提到柠檬茶，消费者直接关联想象的色彩是黄色，不只因为柠檬是黄色，更因为柠檬茶品类存在领导品牌——维他。消费者存在不需要思考就能产生的第一反应，即维他 = 黄色 = 柠檬茶品类。

当同类产品中存在有绝对领导者的情况时，与领导品牌的色

彩之争等同于与品类固有色彩印象的竞争，色彩解决方案有且只有三个，需要与产品未来的战略结合做出抉择。

（1）常见的跟进领导品牌已经培育起来的品类色彩

利用领导品牌已经建立的品牌色彩认知，以接近的色形站在它身边，是最容易实现，也是最多品类跟进者正在应用的。这种方式的优势是风险小、投入低、成效稳定，缺点是产品几乎没有机会和路径超越领导品牌，只能从盘子里分一杯羹，当然如果盘子足够大，这一小杯羹也能让许多跟进者"活得滋润"。因而，在销售终端，随处可见红牛周边围绕着各式金罐维生素功能饮料，维他柠檬茶周边大批黄色瓶装柠檬茶饮料。它们的目的非常明确，总有一些人对领导品牌不感兴趣或对品牌溢价排斥，在领导品牌已经培育起的市场中带走一部分品牌敏感度和忠诚度低的消费者，节省传播及市场培育成本。在品牌对产品未来没有较多营销推广预算，产品特性上没有明显优势可挖掘时，作为战术产品，从补充业绩和产品线的角度思考，这样的方法并非不可行，但对设计的要求更为严苛，徘徊在像和不像的分界边缘，一招不慎便被划为山寨。如果说策略分为上策、中策、下策，那不经加工和产品策略思考地跟进领导品牌的色彩解决方法，无疑属于下策，尽管这看起来是一条捷径。

（2）构建差异化色彩，强化色彩与品牌及品类关联

差异化创新是品牌在存量市场获取新商业机会的基本打法，只要市场规模足够大，运用差异化创新守住一个新特性，就能占有一些市场份额。差异化色彩属于差异化创新中的一部分，使用差异化色彩时容易出现一个误区，即单纯为了区分品牌，不考虑品牌名称、格调或品类关联，强行进行色彩差异化处理，这样的色彩差异化设计市场反馈一般都不会太好。

比如娃哈哈推出的维生素功能饮料品牌——启力，为了与市场领导者金罐红牛产生显著的色彩区隔，大胆采用蓝色为主色调，期望重现当年百事用蓝色挑战可口可乐红色，成为全球两大碳酸饮料品牌之一的经典风采。尽管娃哈哈拥有超强的渠道能力也配合大量的营销推广，但上市后效果并不理想。

启力选用的蓝色存在明显问题：与品牌、产品或功能性饮料品类相关的支撑、启用蓝色的基石始终没有体现。品牌没有给消费者一个理由，让其将沉稳、冷静的蓝色与热烈、活力的功能性饮料品类关联，尽管单从视觉上看蓝罐显得年轻一些。

百事可乐挑战可口可乐时，找到了可口可乐"品类创建者"身份的劣势，它不够年轻。因而抓住这一点，百事可乐展开多维度的突围，其中包括品牌色彩的差异化突围，选用可口可乐红色的对立面——略带深邃神秘感的蓝色，除了品牌端的差异，在消费者体验端，蓝色的可乐包装视觉上要比红色的可乐包装更清凉、冰爽，给消费者选择时提供了更有利的触动点。

同样是功能性饮料品类，Monster 在美国推出时，"国际红牛"占据着美国功能性饮料 80% 以上的市场，Monster 除了采取规格优势，选用比"国际红牛"大一倍的 16 盎司（473 毫升）

易拉罐外，配合品牌名称给人的联想，在色彩上也进行了显著的差异化，差异化的体量规格与色彩，配合颇具特色的营销推广，Monster 一路"高歌猛进"，一度在美国市场份额超越"国际红牛"（图 4-4）。

图 4-4　"国际红牛" vs. Monster

再回头看娃哈哈启力，无论是其与"中国红牛"如出一辙的抗疲劳功效，还是与体育赛事明星俱乐部合作的营销手段，都无法与其差异化的色彩设计匹配，消费者在终端看到产品时甚至无法第一时间将其与功能性饮料关联起来。蓝罐挫败之后，娃哈哈启力的七彩罐更像是"乏力"之下的试错选项，也许哪一款就碰对了。答案很显然，市场是残酷的，没有任何一款产品能够在误打误撞之下成功。如今，启力回归金罐，但是早已没有了战略新品突围时的猛烈势头，至今启力也没能在功能性饮料品类中坐稳自己的位置。

2. 品类无绝对领导品牌，各品牌以默契联盟打造品类通用色彩

品类中无绝对领导品牌，但群雄割据分庭抗礼，想想就是一番热闹的景象。比如常温酸奶品类中，以蒙牛纯甄、伊利安慕希、光明莫斯利安为代表，三元冰岛酸奶、君乐宝开菲尔、新希望轻爱、安佳轻醇等产品也都在各自畅销的区域成绩斐然。

即便常温酸奶品类产品用色大多仍以蓝色为主色调，但我们不会像看待金罐=功能性饮料品类红牛、红罐=凉茶品类王老吉一样，将蓝色归于某一个品牌。即便伊利、蒙牛这样处处相争的巨头，消费者也不会认为纯甄、安慕希都选用蓝色调是谁模仿了谁。因为培育消费者对品类色彩的认知是一件工程繁重、投入巨大的工作，在品类发展阶段，大家都不足以支撑起消费者对品类的认知时，各个入局的品牌就像心中默契的联盟一样，共同培育了消费者对品类色彩的认知。人们走进卖场或便利店，进入一片以利

乐钻由蓝色调为主的区域，大致看一眼就明白这一片区是常温酸奶，有需要会在其中选择。这个看似简单的认知过程，是品类中诸多品牌共同努力的结果，即品类与某色彩的强势关联，某色彩成为品类的通用色彩资产。

那么，在品牌共同创建品类色彩的过程中，如何实现差异化或有效的色彩跳脱呢？品牌面临两个选择，一是使用品类通用色彩资产，采取色彩分割或其他设计风格与竞品形成区隔。比如安慕希将浅蓝与白色分割，纯甄用深蓝色搭配金属色，莫斯利安以蓝色搭配咖色版画风格，三者虽然都以蓝色为主色调，但各自的风格非常明显；二是跳脱出品类通用色彩资产，即不选用蓝色主色调，这样的风险是对于品牌来说非常容易被消费者忽视，成为品类的边缘产品，大家无法在视觉上将其归类于这一品类，因而跳脱出品类通用色彩资产背后必须有更为有效的价值支撑。以新希望乳业鲜花酸奶和酸奶果食为例，鲜花酸奶销售区域以云南线下渠道和电商渠道为主，产品基于云南"鲜花"食品进行了特色研发，因而产品包装也围绕展示产品特性，将鲜花缤纷的色彩融入其中；而酸奶果食则突破了早期常温酸奶不含果粒的研发瓶颈，实现了研发层面的突破，常温酸奶添加果粒且口感更佳，因而包装上也以突出产品特性为主，将果粒口味作为色彩的依托。我们会发现，跳出品类共有色彩资产有两个方向可以支撑，即基于品牌的强势背景，以产品线色彩解决方案为支撑；或依托于产品研发层面的创新，在竞争中依赖创新吸引消费者。

3. 开创新品类，成为领导品牌

产品推出时，面临的竞争状况看似纷繁复杂，但抽丝剥茧、找到核心，不外乎三种竞争状况：

（1）品类处于高速发展期，市场中尚未诞生领导品牌，品类共有的色彩并未在消费者脑海中形成。

（2）品类存在绝对领导品牌，但市场容量足够大，且持续在增长中。

（3）品类中有领导品牌，且其产品用色代表品类色，品类新的增长空间不大。需要品类创新来发掘新的商业机会。

真正意义上的创建新品类，并不是找到一个没有竞争对手的新品类去开发产品上市即可，因为没有竞争对手有两种可能，一是时机未到；二是没有市场。成功创建新品类必须有一定的受众群体并为其广泛接受。早期市场竞争并不饱和的阶段，品类创建者创建品类选用色彩时，主要思考与品类关联最为密切且具备广泛认知的色彩即可，但在今天，随着竞争环境和消费者心智变化的加速，创建新品类面临的考验则更多。

色彩解决方案中，如果只有差异化突围才有可能挑战绝对领导品牌的地位，那么是不是所有的品牌，只要想清楚竞争切入点、战略目标，就可以采用这样的方式呢？并不是。这种方法的劣势同样存在，放弃绝对领导品牌已经培育成熟的市场，意味着与其竞争的同时，需要重新进行对消费者的培育。支撑这些的是长期的成本投入和时间的积淀，在推新难度系数直线提升的今天，需要品牌决策者拥有超强的趋势判定能力以及不受短期成效影响，敢于持续投入的胆量和魄力。

我们依旧拿功能性饮料举例，2016年统一推出植物功能性饮料——唤醒，无论从产品还是包装层面都让人至今印象深刻。在维生素功能饮料竞争白热化的大背景下，功能性饮料品类出现细分是必然的发展趋势。统一瞄准消费者对功能性饮料提神兼顾健康的需求，推出植物功能性饮料新品类，除了包装容器的差异化选择，包装色彩上也采用完全区别于维生素功能饮料但与产品品类植物能量饮料高度关联的绿色。这一步细分品类，延展关联品类属性进行色彩占位的策略堪称优秀，任何其他品牌再想进入植物功能性饮料品类，都很难超越绿色与植物、健康的强势关联。较为可惜的是，仅仅一年，统一唤醒就在货架上消失了（图4-5）。

图4-5 统一唤醒

除了色彩基于产品的思考，开创新品类的过程中还有一个核心要素，就是避免误入相近品类强势品牌的认知"敏感区"。

许多品类开创者偏爱红色，比如可乐领导品牌可口可乐，凉茶领导品牌王老吉，速溶咖啡领导品牌雀巢，啤酒领导品牌百威。红色能够带给人的感官印象非常多且正面，但仍存在一些即便与品类特性非常匹配也不能应用的"雷区"。劳拉·里斯在《视觉锤》一书中，认为"奥地利红牛"的罐子选择蓝色是一个错误，它的包装上应该采用红色而不是蓝色。在相近产品或品类中没有绝对领先品牌或者强势竞争者的理想环境下，当然这是最佳的选择。但是"奥地利红牛"在 1986 年进入欧洲时，饮料类别中红色已经被绝对强势的可口可乐占据，且可口可乐的红色在消费者的认知中已经形成非常直接的关联认知，地位难以撼动。对于当时的"奥地利红牛"——一个没有太多资源的功能性饮料新品类来说，避免给消费者带来感官印象误区是非常必要的。采用蓝色虽说无奈，但也是明智之举。"奥地利红牛"蓝罐在包装设计上也非常巧妙，因红牛标志比较复杂，传播成本高，而且并不好延展运用，在包装上既要体现功能性饮料的新品类视觉特征，又要便于品牌的传播记忆。将标志置于罐体的中心位置，由色块碰撞形成的力量感，通过银、蓝两色的分割体现出来，红色标志与大面积冷色的对比仿佛冰冷的海面燃起了熊熊烈火，视觉冲击力强而特色鲜明，通过包装色彩分割整体形成强大的品牌识别载体和品类视觉特性（图 4-6）。

图 4-6 可口可乐 vs. "国际红牛"

案例研习1 加多宝、王老吉色彩之争

在谈包装"色彩占位"的过程中，有两个关于包装色彩的案例非常值得关注。其中一个就是持续很久终下结论的"加多宝、王老吉红罐装潢权之争"。

2017年8月，最高人民法院对加多宝与王老吉之间的包装装潢纠纷上诉案进行了公开宣判，认为双方对涉案"红罐王老吉凉茶"的包装装潢权益的形成均作出了重要贡献，共同享有红罐包装的权利。

"红罐凉茶"是通过包装色彩成功占位品类的代表。"红罐凉茶"红色的应用决策能够规避上文提到的"选择红牛的红色存在风险"的核心，在于加多宝找到了能够代表凉茶品类独特性进而与其他品类产生区隔的关键因素：凉茶——怕上火，降火——灭火器。红罐的直观联想则是来源于灭火器的形态和色彩，与品类、产品、特性形成了强势的循环补充，同时中式传统饮料凉茶与中国人喜爱的红色颇为匹配。凉茶品类迅猛发展的数年中，这样有效直接的策略再配合包装打出的组合拳功不可没。

可惜的是在和王老吉发生争议分道扬镳之后，加多宝选择推出金色罐的决策显得盲目自信且过于仓促。这个决策带来两个直接的影响：其一，选用金色罐把自己推向了消费者对凉茶品类色彩认知的边缘，而这样的强势品类色彩认知正是加多宝自己多年苦心经营培育的；其二，金色罐与中国红牛为代表的功能性饮料品类关联太过密切，这也正是品牌色彩应用的禁忌之一——"避

免误入其他品类强势品牌的色彩敏感带"。在消费者远没有形成
金罐与凉茶有关的主观联想习惯的情况下，他们看到金罐会直接
归类到维生素功能性饮料品类的特征上。这也是中国地区的红牛
多年培育的成果。正因为这样，在之后的一段时间里，加多宝的
核心传播工作都集中在一件事情上，就是二次培养消费者的习惯，
卖的最好的凉茶（过去大家买的王老吉）是加多宝，加多宝是金
色罐，金色罐是正宗凉茶。

其实，在处于"红罐"使用争议期间，加多宝完全可以采取
更为理智柔和的解决方案，比如部分保留红色或通过设计将品牌
已经形成的视觉资产最大化保留。全面使用金色罐的决定看似果
断，意在证明离开广药集团后加多宝凉茶依然成功，但放弃过去
所有的投入无异于从头再来，失去了品类及品牌发展的黄金时期。
2018年6月，加多宝宣布红罐强势回归，但局势已经和当初加多
宝"去红留金"时完全不同，而红、金罐共存对于加多宝来说也
同样充满矛盾。凉茶这个原本异军突起充满发挥空间和想象力的
中国特色饮料品类，在二虎相争后逐步降温。

案例研习2　从元气森林燃茶，看今天的消费者色彩接受度和市场培育趋势

另外一个关于包装色彩不得不提的案例，是最近两年兴起的
在无糖茶品类颇具代表性的品牌——元气森林"燃茶"。提起无
糖茶品类，在我国内地最早培育无糖茶品类的是农夫山泉的东方

树叶，尽管多年培育，消费者认知度较高，但也略失新鲜感。获得无糖茶品类大多数年轻消费群体青睐的是早期名不见经传的新兴品牌——元气森林。

元气森林最为畅销的无糖乌龙茶和桃香乌龙茶包装配色分别为全黑色和全白色，在销售终端很少见到色彩上相近的竞品（图4-7）。这些年，市场上的有太多产品明确表明黑色为品牌禁

图 4-7　元气森林 "燃茶"

忌色，其中不乏一些针对年轻消费群体的产品。这样的考虑来源于中国传统印象，普遍认为消费者对黑色的接受度并不高，且存在一些传统观念上的不够喜庆、不够热情、不够吉利的说法。但事实证明，与"无糖"气质协调、干净又酷雅的纯黑搭配纯白的色调，让年轻人对其喜爱的程度远高于一些应用传统色彩的产品。这其实是一个值得思考的问题，大多数品牌都把目标对准年轻消费群体，但"年轻化"究竟如何界定？市场上有太多打着年轻化的旗号实质却是"低龄"的产品。今天的年轻消费群体与过去任何一个年代都不同，他们接受过高等教育，有个性，追求自我。年轻绝不等于幼稚，年轻消费群体对新鲜事物的接受度远比品牌方想象中更高。在消费环境变化和主流人群迭代的过程中，会有越来越多原本看似不可能的传统观念和认知被颠覆，前提是找到合适的切入点，并与产品和品类契合。

单独的红色并不能代表什么品牌，但红色加上裙形瓶，消费者脑海里就会出现可口可乐的形象；红色加杯子，消费者脑海里就会出现雀巢咖啡的形象。所以巧妙的外形搭配色彩才能既实现销售终端的物理占位，也实现消费者的心理占位。

三　文字力量

中国文字笔画的形态及空间、粗细大小、结构处理等变化丰富，不同字体特征也会产生不同的视觉感受，比如宋体端庄、黑体严肃、楷体清秀、圆体平和、书法体古韵、娃娃体萌趣、等线体时尚。每一种字体都自带个性，甚至自带行业属性。大多数字库字体设计基于密集型文字编排和标题性文字编排这两种设定，适合品牌独特个性和产品差异化的字体依旧需要设计师发挥创造力。

在包装中，文字必不可少，作为品牌名称和产品信息传递的载体，其承载的意义，从商品发展早期单纯地需要保证辨识性，到今天被赋予了更为丰富和多元的内涵。不管文字设计怎么发展，基本的大前提不会改变：①提高品牌辨识度和强化品牌个性；②提高信息沟通能力；③契合消费者对品类特性的视觉联想。而且这三点是相互作用的。

1. 提高品牌辨识度和强化品牌个性

在中国品牌发展的初级阶段，包装中文字的重要性甚至要高于整体的设计感。当市场饱和度低，竞争处于初级阶段，人们对为数不多有认知的品牌怀有较强的信赖感，也相信品牌所传递的信息。因而这个阶段能够直接让消费者知道"我是什么"尤为重要。早期成功并具备广泛影响力的品牌产品比如娃哈哈 AD 钙奶、营养快线、康师傅绿茶、冰红茶、冰糖雪梨、维他柠檬茶等，都具备一致的特征，即"品牌＋品名"的醒目组合，且字体设计以清晰辨识、突出醒目为第一要义。

在产品匮乏的阶段，消费者对新事物充满好奇，这样的包装配合大力度的广告传播和强势渠道覆盖，无疑是简单高效的方法。最为常见的字体设计解决方案是结合包装画面以简单直接的方式呈现，以强辨识度为核心基础，同时字体契合品类属性及包装调性。比如白酒品类产品多以中国书法手写字体来作为品名字体；功能性饮料大多字体结构刚硬、笔锋突出；果味饮料或乳饮料的品名字体强调轻快流畅等。但是随着品类产品竞争趋于饱和，这样的情况开始出现变化。消费者对品类敏感度降低，仅依赖于产品名字的醒目度越来越难以成为支撑消费者选择的驱动力，甚至品名是否醒目也不再是人们关注的重点，越来越多新生品牌尝试跳出"品名一定要大"的束缚，凭借包装的综合呈现突出重围，比如统一阿萨姆小奶茶、农夫山泉维他命水，品名仅作为视觉的辅助信息，在边缘的位置出现，但丝毫不影响其整体的高辨识度和高效传播。大多数情况下，文字在包装中仍承担着重要的意义，但解决方式越来越多元（图4-8）。

图4-8　阿萨姆小奶茶

2. 提高信息沟通能力

赋予品牌名称或产品名称个性和意义进而将品牌字体符号化也越来越多地被应用。中国独特的象形文字本身具有图示功能，比如："旦"字在甲古文中是一个圆圈里面一个点下面加一横（太阳从地平面升起的意思）；"男"字在甲骨文中是中间一个田，右下一支强壮的手臂（在田里干活的意思）；"美"字在甲骨文中是一个人戴着羊头或举着羊头跳舞。这种"视而可识，察而见意"，以形表意、以意传情的文字特征，稍加设计就能突破地域文化的限制，成为具备全球认知的视觉符号。

辨识度是品牌与消费者沟通最基本的要求，但是在很多设计师眼里，容易识别往往与没有个性产生了对等关系，那么，如何在品牌个性与品牌辨识度之间寻找平衡？

设计中常见的解决思路有两种。第一种，是在没有图形辅助的情况下，以文字图形化的方式表达品牌主张或产品价值特性。以新希望乳业"酸奶果食"的品名字体为例，产品含大颗果粒可咀嚼地"吃"的感觉是品牌方希望突出呈现给消费者的感知。字体设计中将"食"字巧妙地与盘子、筷子结合，转化到"吃"的视觉关联，同时结合字体结构，将嘴唇形状与食字中间部分结合，酸奶的"酸"字左侧结构与奶瓶呼应，在保证品名阅读流畅性的同时，将产品属性及特点巧妙融入。文字图形化具有准确、快速、有效地传达信息的特点，将文字语言转化为视觉图形语言，将只

有在特定区域使用的文字转化为全球都懂的世界语，使文字突破了地域、文化的限制，模糊了种族的界限，这种表现方式赋予了文字全新的形象（图4-9）。

第二种，是在有图形辅助的情况下，文字与图形一致强化品牌价值主张或产品价值特性，也可以理解为"Logo+文字"的组合。比如魔爪（MONSTER）功能性饮料的图形和品牌名称字体设计保持高度的一致。图形的设计呈现来源于文字的意义或字形，形成包装最核心的视觉体现。相同表现方式的还有华彬新品"战马"的马头"Logo+字体"组合，东鹏饮料"9"字 Logo+陈皮特饮字体组合等。字体与图形结合，便于在不同场景中沿用，大大提升了品牌产品的传播效率，形成品牌最具辨识度的视觉资产。

图 4-9　酸奶果食

3. 契合消费者对品类特性的直观联想

许多品类在消费者心中都有一个固有的感官印象。对于符合消费者品类联想或者能更好诠释品类特性的品牌字体设计而言，其沟通成本一定比品类认知混乱或不符合品类特性的字体成本低，且具有更高的记忆效率。比如巧克力带来的甜蜜、顺滑、幸福，这些感受会在消费者心中形成一个品类特征，强调口感的巧克力品牌会将字体设计得非常流畅，而强调遵循传统制作工艺的巧克力品牌，会将字体设计得更复古或带有手工感。

四　共情沟通

在《全新思维》一书中，丹尼尔·平克认为，拥有全新思维的人才是未来和时代的中流砥柱，他将共情力称为全新思维人才具备的六大能力之一。对共情力的解释是站在别人的立场凭直觉感知他人的感受，即设身处地地用他人的眼光来看待问题，体会他人的感受。同理，优秀的设计师总能以消费者的眼光来审视自己的设计。

在设计师眼里，共情力并不是陌生的词，但国内的包装设计师也极其容易掉进"艺术家表达"的陷阱，遮蔽共情力。对包装设计而言，在销售终端是否脱颖而出决定了这个包装是否能成功吸引消费者的注意力，进而促进后续一系列消费决策的产生。形式的新颖独特是捕获注意力的核心要素，在新颖的同时还能保证共情这确实颇具挑战。

一般市面常见（不包括设计师概念类作品）具有共情力的包装设计大多数都是基于营销活动推出的限量版或者小批量的特别定制版。比如奥利奥结合天猫超级品牌日推出的绘画盒、音乐盒的活动类包装；英国果汁品牌 Innocent 与慈善机构 Age UK 联合推出戴毛绒帽子的果汁瓶，呼吁消费者关注老年人的慈善公益活动等。这些产品结合事件营销，为品牌带来了话题度，也带来了销量的短暂提升，但无疑都是通过设计的加法让产品在当时变得具有共情力。

是不是常规产品在不增加成本的前提下就做不出具有共情力的包装设计呢？味全给出了不一样的共情包装设计解决方案。

2015 年，味全推出新包装"理由瓶"，醒目的"电脑八小时，你要喝果汁""不爱晒太阳，你要喝果汁"等颇具洞察感的场景暗示文案从众多软饮料中脱颖而出，沟通诉求由"新鲜就像现摘"改为"每天喝果汁"，引起一阵热议。很多设计师认为这样的"大字报"包装缺乏设计感。但是把尺度拉大会发现，味全的这次包装策略调整可以称得上将品牌包装从"自我视角"转换到"共情视角"的好例子。

以前，上班前下班后的便利店，除了较为稳定的果汁消费者会主动购买果汁，其他消费者都有不同的选择倾向，咖啡、功能性饮料、茶饮料、酸奶等都在范围内。味全推出"理由瓶"后，消费者突然看到原来也可以喝果汁啊，果汁很健康啊，而且还有各种各样喝果汁的理由。有些话语好像就是为自己的心情期望设定的，比如"提案必过"，一下就拉近了与正准备提案或即将有提案活动的消费者的距离。研究表明，人习惯做出感性的决定，再寻找理性的理由。当理由都帮你想好了，你还会拒绝吗？味全推出共情"理由瓶"的目的不是为了解决视觉上好看（曾经味全也推出过还算好看的标签设计），而是为了去争夺那些在品牌及品类间游离的大多数消费者，将这个趋于稳定略有下滑的存量市场变成新的增量市场。哈佛大学营销教授 Thedore Levitt 曾说过：人们其实并不想买一个四分之一英寸的钻头，他们只想要一个四分之一英寸的洞（People don't want to buy a quarter-inch drill. They want a quarter-inch hole）。我们很多时候认为消费者的需求是恒定的，我现有的东西一定是消费者需要的，因为我就是这样被消费者选择的。如果不将"新鲜就像现摘"（"我有什么"策略）转换为"你要喝果汁"（"你需要什么"策略），从设身处地地站在消费者的角度思考并创造出新的需求，味全很难做到 40% 的增长。味全的强势增长值得很多成熟品类的品牌思考。

基于这个共情策略，包装成为"即时广告位"，但是对于一个成熟品牌来说，包装的设计更新是慎之又慎的事情，尤其是需要对版面进行大面积调整的情况。虽然极少数消费者发现包装的变化，事实上味全"理由瓶"在版面上的调整非常大。原本在醒目位置的"味全每日 C"品名，被缩小放在了右下角，这样的处理方式挑战了许多传统产品人眼中的"经验风险区"：第一，品牌名不够醒目，对于传播和认知来说存在风险；第二，品名放在右下角，按人们由上至下的视觉习惯以及销售终端陈列环境（货架下部经常有遮挡物），品名 Logo 非常容易被忽略。

推动品牌做出这样的决策有三个核心因素。①作为市场中运作十年的果汁品牌"味全每日 C"在消费者心中能够形成与果汁的强势关联。已经度过品牌发展初级阶段，而且本身"味全每日 C"瓶体造型和质感在终端都有极高的感官辨识度。②在此之前，味全持续的大 Logo 加上水果、果汁画面，强调水果价值的品牌诉求，在 2010 年前后开始出现销量增长减缓，甚至 2014 年开始下滑，显然过去的解决方式已经出现问题。③基于以上，新包装的沟通次序希望将"每天喝果汁"的理由作为核心来凸显，品牌的沟通内容由功能性的价值诉求，转化到情感层面的心态共鸣。我们会发现，一些消费者层面看似不明显的版面改变会产生巨大影响，做出这样的决策需要结合品牌发展阶段、目标消费群体洞察、诉求转化等综合因素判定。味全"理由瓶"为味全每日 C 注入了新鲜活力的品牌基因，品牌营销也围绕包装的"文字游戏"放出了一系列"大招"，Hi 瓶、拼字瓶、每日宜瓶、提示瓶等进入了品牌营销的良性循环。

但是很多产品人，只看到味全果汁"理由瓶"流行的表象，一时间市场上出现各种各样的"文案风"，尤其是食品行业，文艺的、幽默的、可爱的、励志的应有尽有，但大多市场反馈平平。

深挖下去，不难发现有两点优势使味全能成功吸引大家关注。第一个优势是品牌势能。经过多年的品牌运作，味全每日 C 在影响力、知名度、渗透率等方面都有消费者基础。这种时间与空间一起形成的品牌势能是新创品牌难以比拟的。举个简单的例子，2019 年，农夫山泉与故宫联名出了一批定制版产品，立马引来各方媒体报道，在朋友圈刷屏。而之前某不知名品牌也用故宫元素推出产品却鲜有人知。

第二个优势是场景特性的契合，味全每日 C 的主力销售渠道是以"全家""7-11"为首的连锁便利店，这也是一、二线城市白领上下班时间集中会去的地方。一切共情力的挖掘都是围着这群人在工作及生活中的点点滴滴展开，如果把味全"理由瓶"放到家乐福和沃尔玛等大型商场超市，这种共情力就会削弱很多。还有重要的一点是味全在"全家""7-11"等便利店占有整排的陈列优势，产生共情的机会要比只有一个陈列位的产品大很多。

五　触感引擎

对许多品牌来说，可触及的产品包装是为数不多品牌与消费者沟通的载体，包装的材质与结构不仅为产品的盛放、使用、保护和运输提供作用，而且也为品牌的物质存在提供了更切实的感官体验。当我们在终端购买商品时，首先会通过视觉先过滤没吸引力的商品，然后对有吸引力的商品进行多维度感官的评估，看一看，摸一摸，如果看上去很不错的产品，摸上去让人产生不安全、不可信、不值这个价格的顾虑，消费者普遍会"触而却步"，除了视觉，触觉也能帮助品牌建立独特的身份识别。相关研究表明，触觉记忆比视觉记忆在大脑中留存的时间更为持久。

阿瑞娜·科里斯纳（Aradhna Krishna）在《感官营销力》一书中将触觉分为：信息型（informational）触觉和享乐型（hednic）触觉，信息型触觉用来从物体获取信息，例如蒙上眼睛触摸厨房用具，判断它们分别是什么、有什么用途。而享乐型触觉多指仅仅为了感受物体而进行的触觉体验，比如我们也许会喜欢抚摸丝绒带来的柔滑感觉，也许会喜欢手滑过成熟麦穗带来的粗涩感觉。在品牌营销术语中，与信息型和享乐型对应的是工具型（instrumental）触觉和意愿型（autotelic）触觉。工具型触觉指消费者为了做出购买决策这一特定目的而进行的触觉探索，例如感受一条毛巾是否柔软，或者用手试试桃子有没有熟透变软。意愿型指为了愉悦而进行的触觉探索，触觉带来的愉悦因人而异，例如同样价位的坐垫，有人喜欢麻料编织的粗犷感，有人则喜欢棉材料编织的柔顺感。"意愿型触觉"在包装设计中运用得当，会大幅提高产品在消费者手中的留存时间，推动消费者购买决策的产生。

1. 品牌包装触感设计的三原则

（1）建立品牌识别或诠释品牌理念

品牌识别是品牌包装设计的基础诉求，也是产品能在芸芸众生中跳脱出来的基础。

据说在 1916 年可口可乐重新设计玻璃瓶时，设计大纲中包含两点期望：第一点，设计师想让它的外形足够独特，能与其他品牌的饮料区分开，即使在黑夜中完全凭借手感也能找到它；第二点则是希望使用一种与众不同的玻璃，即使在地上摔碎了，你依然能看得出那是可口可乐瓶子的碎片。

（2）产品竞争优势的感官转化

在拥挤的货架上，独特的竞争优势是每个品牌被消费者选择的理由。竞争优势既需要独特的视觉设计，同样也需要独特的触感设计，这种强化竞争优势的触觉设计在很多品牌产品包装上都有体现，比如美汁源旗下的果粒橙的瓶体上部分采用了类橙皮的纹理设计，强化了产品取材于新鲜橙子的竞争优势，这样的触感体验非常容易让消费者在使用过程中留下深刻印象。

（3）便于消费者体验的人性关怀

由于品牌包装的目的和意图在购买前和购买后的环境中发挥着不同的作用，所以品牌包装具有双重性质。在竞争环境中，品牌包装需要脱颖而出，获得消费者的购买决定。然而，为了增加消费者的复购率和品牌忠诚度，品牌包装的意图与目的又必须在购买后的消费者体验中进一步转化。例如，喜欢购买 2 升瓶装水的某消费者经常在两个品牌间摇摆，左右其购买决策的因素是哪个品牌搞促销就买哪个品牌，但是有一天发现某品牌在产品包装的使用体验上进行了改良，原来必须要用剪刀才能剪掉的塑料提带居然只需用手稍微一掰就断了，而且从撕开瓶口贴膜到插入饮水机整个过程无比流畅，对准位置轻轻一拍就可以了。自从有了这次舒适的体验后，该消费者就指定一个品牌购买瓶装水了。

2. 材质与工艺

　　我们身边的任何一件商品包装都离不开材质，设计师在消费者需求、品类特性、品牌个性、工艺技术、成本控制等限制下，通过选择材质或对材质的再创造，赋予品牌包装恰当的形式、功能与意义，助力品牌在竞争中获胜。材质是商品包装的基本物质支撑，还能为后者创造出新的性能。所以从某种意义上讲，伴随品牌发展的包装设计史也是一部材质的变迁史。

　　包装材质的核心围绕着环境的耐用性、消费体验的易用性、材料的易得性等，今天解决这些需求已经变得非常科学，而且包装材料研发与生产已经成为一个巨大的产业，每一项新材料的运用都给设计带来新的表现形式，产生新的设计风格，甚至推动着文明社会的进步。

　　我们可以从包装设计类书籍中看到很多关于包装材料的介绍，粗略可以将材料分为自然材料和人工材料。自然材料又分植物类、动物类和矿物类；人工材料也可以根据人参与程度的不同，分为初级加工材料和高级加工材料。初级加工材料有玻璃和陶瓷等；深度加工材料有 PET 材料、多层复合保鲜材料和纳米材料等。当我们回归到真实的商业环境中，产品包装对任何一种材料的选择必定基于竞争环境及消费者需求，不同材质除了在视觉上能产生不同的特性，触觉上的感知更能体现出价值差异。在这里本书与大家简单探讨应用较为普遍的人造包装材质。

（1）玻璃

玻璃是古老的包装材质，也是有据可考的最早的人造包装材质。公元前 3500 年，古埃及人发明了玻璃，他们用它来制作首饰，并揉捏成特别小的玻璃瓶。12 世纪，随着贸易的发展，威尼斯成为世界玻璃制造中心。当时政府为了垄断玻璃制作技术，把玻璃艺人集中在与威尼斯隔海相望的穆拉偌岛上，玻璃制造技术成为威尼斯严格保守的商业秘密。直到 16 世纪，不断有玻璃艺人从穆拉偌岛"越狱"成功，玻璃制造技术才开始在欧洲各地蓬勃发展。虽然玻璃较重且易碎，会影响加工成本和运输成本，进而影响该种商品的成本效率和包装适用性，但另一方面由于其独特的视觉效果、光滑的触感和拿握的厚重感，让人觉得它是一种可靠而独特的高品质材料。甚至大多数人觉得盛放在玻璃包装里的产品在外观、气味和口味上要更好一些。例如，盛放在塑料高脚杯和玻璃高脚杯里的红葡萄酒，大家普遍会认为玻璃高脚杯里面的红葡萄酒口感更好，品质更佳。因此它成为香水、化妆品、医药品、酒类、果汁甚至高端饮用水的包装容器。

国内玻璃在原料上分为水晶料（香水瓶）、精白料（高端酒瓶）、普通料（白醋瓶）和低端料（绿色啤酒瓶）。产品包装选择的用料不同，成本也不同。但是材料只是材料，如果不运用巧妙的创意概念通过材质将产品竞争优势可视化，那么高品质包装材料的运用会变成无形的资源浪费，所以包装材料要呈现的不仅仅只是盛放产品的容器，还可以用材料来诠释品牌主张，强化与消费者的价值沟通。

（2）纸张

纸张也是包装材料中最常见且运用最为广泛的材质。虽然我们中国人发明了纸，但是直到近代中国，纸张在包装上的运用也仅限于简单的包裹。而在欧洲，纸的商业化进程从1798年法国人尼古拉斯·路易发明造纸机开始就飞速向前发展。

1817年，世界上第一个商用纸板箱在英国被制造出来，1839年纸板包装开始商业化生产，在其后的10年间，专为配合各式各样产品的纸箱被生产出来。19世纪50年代，瓦楞纸作为一种更为坚固、成本更低的包装材料发明出来，在19世纪末取得了一次革命性的大发展。易得性与低成本，由纸衍生出的包装形式成为整个包装体系中最庞大的家族。

纸这种材料，除了在包装盒中被广泛应用，在人类的智慧创造中，凭借升级和与其他材质的搭配应用，也逐渐适应了液体包装的需求。比如国际包装巨头利乐公司，诞生时只能算得上是纸袋厂，1933年，瑞士有大量的农民从农村走向城镇，一时间人们对于牛奶和果汁的需求瞬间大增，然而，当时并没有一个很完美的包装可以解决长期运输和保存这些新鲜的牛奶和果汁的问题。玻璃瓶虽好，但价格昂贵，运输也不便利。

利乐创始人鲁本·罗辛看到了这点，因此他做了详细的运算，并得出一个结论："包装带来的节约应超过其自身成本"。同时期，无数自助购物商店也进入欧洲，鲁本·罗辛一直在思考如何能设计一次性的包装盒，让果汁、牛奶便于运输和储存。他一次又一次地在脑海里构想，并在工程师瓦伦贝格的帮助下，将设想变为现实——通过黏合剂在纸包装盒里加入一层塑料薄膜这样就具备防水功能，再用黏合剂对包装口进行密封，这让牛奶果汁的包装显得简单，且防水便于运输，价格也很便宜。

1944 年，鲁本·罗辛将此设计申请了专利，并取名为"正四面体"，这便是如今利乐包的原型。

（3）塑料

塑料自 1902 年被发明出来至今已有 100 多年的历史，在 2002 年英国《卫报》举办评选"人类史上最糟糕的发明"活动中，塑料袋不幸入选。塑料在触感上并没有像玻璃、陶瓷、金属等材质那样在消费者心中占有高价值感，但以其便于制造、轻便、坚韧而且廉价的特性，占据大众消费品市场的每一个角落。包装材料对塑料的需求一直居于首位，塑料软包装、塑料瓶、编织袋、中空容器、周转箱等。这些以石油为基础提炼出来的包装材料，通常比需要它们保护的产品生命周期长得多，这为地球环境带来了严峻的问题。找到塑料的替代品并将现存塑料合理利用是摆在各个国家、各大品牌面前的一个亟需解决的问题。

（4）金属

金属由于其材质特性，比一般包装密封效果更好，贮存时间更长，抗压能力强且方便运输，比如，普通 PET 瓶装饮料保质期一般不超过 12 个月，而金属罐装饮料保质期普遍在 18 个月左右。金属坚硬的质感不管是在视觉上还是触感上都给人安全可靠和高价值的感官联想，因而至 1810 年被英国商人彼德·杜兰德发明后，金属罐持续沿用至今。在食品类别如即食粥、奶粉，饮料类别如低酒精度饮料、功能性饮料、果汁等品类中都被广泛应用。就金属材质的饮料包装而言，两片罐、三片罐广泛应用于可口可乐、百威、青岛、红牛、东鹏特饮等诸多品类的品牌中，近些年新兴的 Sleek 罐也因造型独特、具有强价值感而备受各大品牌青睐。

金属材质包装品类指向性明确，生产壁垒较高，一定程度上从供应端避免了市场乱象，供应商基于市场机会点进行洞察，不断推出新罐型、新工艺，吸引越来越多的主流品牌。

六　设计洞察对消费观念的启发与引导

1. 酱香白酒包装设计

2008 年开始，中国白酒行业迎来爆发式增长，白酒的包装设计也开始盛行浮夸奢华风。在包装材料选择上，金属、木材、皮革、塑料亚克力无所不用，包装工艺也是极尽奢华浮夸之能事，木材上喷钢琴漆（多次重复喷漆，通过油漆堆积的厚度呈现出光泽感）、多种金属配件或塑料仿金属配件等工艺堆砌，只为了一个目标，让产品看起来很贵。是否只有通过元素堆砌才能在视觉上看起来贵呢？笔者作为设计方提出了不一样的解决方案。过去普遍认为酒越老越好，越陈越好，白酒包装设计最喜欢做的事就是挖掘传统文化或地域文化，所以不少白酒类包装设计成出土文物般的既视感。珍贵并不一定是陈旧，也可能源于酿造工艺的复杂程度，或者是酿造过程需要的技艺水平。以茅台镇酿制的酱香白酒为例，原料只能选用本地出产的红高粱，经过晾晒、制曲、入窖、起窖、拌料、蒸馏等多道工序，而且酿酒也有时节之分，不同时节做不同的事，最后窖藏 5 年才能装瓶上市。酱香白酒其酿造的复杂过程本身就充满高价值感，在注重环保的同时，将酱香白酒的酿造过程以可视化的、跨越国界及文化障碍的设计语言诠释出产品的珍贵，是这款酱香白酒包装设计前的目标。在这里提出跨越国界及文化障碍的原因，是在此之前大多白酒包装走出国门或者面对国际友人时，很难用外国人能理解的方式，介绍酱香白酒有何不同、好在哪里。从字面上解释，懂酒的人不一定会翻译，会翻译的人又不一定懂酒，中国白酒一直在国际市场上难以发展，虽然有各种原因，但是大多数外国人对酱香白酒知识的了解不足也是不争的事实。让更多外国人了解酱香白酒的独特之处，是中国白酒走向世界的第一步。

在包装设计中，设计师将酱香白酒具有代表性的酿造过程转化为一个个独立的可视化图形，每一道工序的图形构建力求跨文化的直观易懂，一目了然。

　　这款产品包装除了获得了国际奖项外，更让设计者觉得意义重大的是，大环境下白酒包装设计开始慢慢抛弃原来那种工艺堆砌、做陈做旧后如文物般的设计语言，开始往更健康、环保的包装形式发展，为白酒包装的环保和"年轻"运动拉开了序幕（图4-10、图4-11）。

图4-10　黔之礼赞—酱香白酒

图 4-11　细节展示

2. 蜡染丝巾包装设计

  蜡染丝巾是笔者参与的带有公益性质的项目，农闲时期的苗族妇女会将蜡染作为一种副业创收以补贴家用。由于苗族没有文字，文化的传承主要依靠歌谣、银器、蜡染、刺绣形式，据称苗族人的《苗族古歌》三天三夜都唱不完，丰富多彩的蜡染图案更是一部活历史，苗族人认为自己是蝴蝶的后代，他们尊称蝴蝶为"蝴蝶妈妈"，所以蜡染的很多主题都是围绕蝴蝶进行创作。从事蜡染创作者多为女性，田间地头的所见所闻，便是她们的创作灵感源泉，她们创作时不打草稿，不进行修改，一幅作品基本上一气呵成。在丝巾上创作好后，用液态的蜡将留白部分保护起来，在板蓝根（蓝靛）为原料的染缸中多次浸泡，熬煮去掉蜡质，再自然风干，方得一件蜡染丝巾。这一件件带有灵气的蜡染丝巾作品丝毫不逊色爱马仕艺术家的丝巾作品，但它的原包装同地摊货包装一模一样，这样的包装无形中埋没了好产品。

笔者希望通过重新设计包装，让蜡染丝巾绽放出不一样的光彩，包装设计的创作围绕"蝴蝶妈妈"展开。《苗族古歌》中对于苗族祖先"姜央"的由来以及蝴蝶的生长周期给了设计师灵感，卵生与破茧成蝶形成了很好的融合，外包装设计为类茧的有机形态，消费者从顶部开口处拿出以蝴蝶为创作主题的蜡染丝巾，完美诠释了破茧成蝶的过程。包装在材料上有两种选择方式，一种是以现代人工材料制作，做出类似茧的质感，抚摸上去手感柔滑且挤压也不会变形；另一种则是选用手工纸张，改变纸张形态的同时，通过添加淀粉的方式提升纸张的挺度和韧性，这是一种非常环保且经济的做法。

设计成型后，一个简洁的有机形态"茧"成为蜡染丝巾独特的外包装，它与众不同又寓意深刻，破"茧"而出有苗族文化中的诞生寓意，也是蝴蝶破"茧"而出化为蜡染丝巾的美妙再现。这个包装用借喻的设计语言，诠释了苗族蜡染丝巾与苗族文化之间的关联，苗族人的故事可以通过一个包装娓娓道来。它不再只是一个单纯的外包装，而是一个可以打开苗族历史文化话匣子的引子。

诚然，这款包装所获的国际奖项不是最具分量级的，但是它在包装设计的思维拓展度上是意义深远的（图4-12~图4-14）。

图 4-12 黔之礼赞—蜡染丝巾 1

图 4-13 黔之礼赞—蜡染丝巾 2

图 4-14　黔之礼赞—蜡染丝巾 3

第五章

品牌发展阶段与包装设计解决方案

在品牌发展的历程中，包装的核心任务随着经济环境及人文环境的变化不断演变。从最初的保护商品，到直观传递产品信息，再到侧重于传播品牌，而后到今天注重与消费者的有效沟通。品牌发展的初期，包装设计的关注点只放在信息传递或完全从设计师个人美学理解去提出品牌包装设计解决方案，都不可避免地会在品牌发展过程中面临显著问题。事实上，包装随着人群、市场、产品的变化，其扮演的角色也在不断变化，包装设计师需要把对商业环境的理解转化为专业的判断和具备竞争力的创意构建。

品牌发展处于不同阶段，产品在品牌架构中承担不同角色，所面临的核心问题不同，包装设计侧重点也不同。在中国，大约有 20% 思维清晰、目标明确的优秀产品人聚集在一线知名品牌或新生品牌，市场上更多的是随着经济高速发展带动品牌迅速增长后在探索中成长的本土企业。因而我们会发现，目前市场上产品问题也非常明显，比如盲目对标、产品跟风、设计同质化等。在这里，我们需要重视的是面对"不同"情况的应对之策，理性的判断结合感性的驱动来思考包装如何为品牌解决发展中已经出现或即将面临的问题，在这个过程中，无论是视觉体系梳理还是包装美学形成，都会成为解决品牌面临问题的方式之一。

一　成熟品牌：保持品牌活力，避免品牌老化

　　成熟品牌有多方面优势：全面覆盖的强势渠道能力、品类领导能力、度过高速发展阶段并经过沉淀后形成相对稳定的市场占有率和消费群体等。在中国食品饮料市场可见的具有代表性的成熟品牌基本可以划分为两类：第一类是国际背景的成熟品牌，在中国市场经济发展的初级阶段入局，依托于其国际背景的发展经验和资源优势迅速壮大，比如雀巢旗下咖啡、乳品；达能旗下各类饼干、水饮；玛氏糖果等。第二类是颇具代表性的中国本土企业，比如伊利、蒙牛、农夫山泉、统一、娃哈哈等，这些企业旗下的品牌跟随中国经济发展成长，凭借对市场需求的洞察和中国企业家的勤奋精干，在市场拐点中由区域拓展到全国，在今天成为各个品类领域的领军者。

　　即便市场份额庞大，面对复杂的中国市场，成熟品牌也面临诸多挑战。尤其是移动互联网高速发展的近几年，伴随着新生代消费群体的崛起、新零售发展，无论是竞争饱和度、品类及产品升级还是消费者的喜好变化，都给成熟品牌带来了巨大影响。成熟品牌常会面临着品牌活跃度降低、品牌老化、增长放缓甚至停滞下滑等问题。

　　成熟品牌包装面临的问题相较于新品来说更为复杂，侧重点也不尽相同。但总结来说聚焦于两点：①过去的问题如何优化；②现在的问题如何应对。

1. 过去的问题如何解决？必不可少的包装升级

由于消费者需求与市场环境的不断变化，成熟品牌（产品）一般每 3~5 年都会进行一次品牌形象包装设计升级以适应新的市场状况及消费环境。随着消费升级的到来，成熟品牌的包装设计升级在近两年集中爆发。与新生品牌的包装设计思路不同，成熟品牌的包装设计升级需要综合考虑的因素非常多，比如：来自市场的因素，来自品牌自身的因素，还有来自供应链端的因素等，需要设计师对市场环境、品牌生意现状、竞争态势、品牌资产、消费者变化趋势、设计潮流趋势等有立体化了解的同时，还需要对包装设计升级的规划、步骤、力度有精准的掌握。

在进行成熟品牌的包装设计升级时，我们通常会遇到的问题是现有的包装基于什么样的原因进行包装设计升级，较为显著的原因有如下几种：

①品牌包装形象老化，无法吸引新的消费人群；

②品牌包装不能准确传达出品牌或产品的核心价值点；

③品牌包装没有竞争优势的差异化体现；

④设计呈现年代感，被新兴群体审美抛弃；

⑤品牌包装不适用于新媒体的传播和推广；

⑥产品成分、包装材料或包装结构的改变；

⑦销售渠道的改变或国家相关法律、法规修订。

　　成熟品牌的包装设计升级，从来不是一个"看起来更好"的简单问题。不同于新产品希望"惊艳"于市场，成熟品牌（产品）的包装设计升级更需要的是"润物细无声"的效果。品牌资产的取舍，其目的是在不损失品牌资产的前提下获取更多的市场份额，既要让对品牌有认知的老消费者毫不费力地接受它的改变，又要让对品牌无认知的新消费者更快速地识别、记住它。包装设计升级带来的变化也许不是最亮眼的，但却是经得起市场考验、最适合品牌发展现状的。成熟品牌的包装设计升级也从来不是一招制胜，而是分阶段和时间节点逐步完成的。

　　（1）纯果乐升级的思考

　　百事旗下 Tropicana 纯果乐果汁，2009 年将其原来的"插入吸管的橙子"的包装图案换成了一个更简单的设计：一个装满橙汁的玻璃杯。从视觉层面来看，新包装视觉上更为简洁时尚，色彩现代，细节处理也更加巧妙，整体感觉似乎也更高端。知名品牌产品包装从升级到上市从来不是那么容易的，需要经过众多部门层层审核通过。但即便是这样，Tropicana 的新包装上市仍然受到了众多非议，"死忠粉"纷纷表示抗议，新的 Tropicana 变得不再是我熟悉的那个"人"了。而从专业的产品设计升级角度来讲，纯果乐包装新升级最大的问题在于具有广泛认知的那个非常有辨识度的、和品牌有高关联度的"插入吸管的橙子"毫无预兆地消失不见了。这次包装升级，市场的反馈也非常不好，在最初的几个月里，纯果乐鲜榨果汁系列（Pure Premium）的销售额暴跌了

20%，导致超过约 1.8 亿元的收入损失。与此同时，该品牌的直接竞争对手，包括美汁源（Miunte Maid）、佛罗里达鲜榨果汁（Florida's Natural）和一众零售商却实现了两位数的销售额增长率。两个月后，纯果乐宣布包装回归升级前。

任何一个品牌的畅销产品在包装升级过程中都是慎之又慎。升级的同时又要把控好尺度，以避免现有消费群体无法接受进而影响销量或带来其他负面影响。所以升级的最大难度在于，产品本身已经具备一定程度的认知基础，品牌资产既是资源也是束缚，既需要有提升，又不能让消费者产生"不是从前那个它"的陌生感。

面对升级问题，基本的解决思路是：①品牌资产取舍和优化升级，例如：包装中哪些是品牌独特资产，哪些是品类共有资产，是否有在未来具备更广阔的发展空间而未被重视的潜力资产，是否有可以舍弃的零增值资产或负资产，对品牌资产综合评估，根据品牌自身势能以及在竞争中所处的位置进行系统化的梳理；②除了品牌端问题外，传播、竞争、体验等维度是否有显著问题或可能发生的问题。

（2）娃哈哈的创新思考

对于成熟品牌来说，除了作为基石的包装升级，另一方面则是如何在消费者已经对品牌产品存在固有印象的情况下，摆脱年代感，形成丰富的个性魅力，带给消费者的印象由认知度升级为好感度，这是一个从"我认识你"到"我喜欢你"的艰难过程。

80后的"童年回忆"之一娃哈哈，是典型的"中国式"成功企业，旗下 AD 钙奶、营养快线、纯净水、绿茶都曾经风靡全国。2010 年，娃哈哈进入 500 亿俱乐部，创始人宗庆后曾满怀激情地定下千亿目标。当时没有人能够想到仅仅两年后，娃哈哈就遭遇了业绩拐点，核心产品出现增长停滞直至下滑，至今没有出现能扭转局面的新品。面对问题，我们不可否认娃哈哈做过诸多努力，但始终无法触动当下消费者的内心。

以娃哈哈 AD 钙奶为例，"红绿"瓶的包装可以说是一代人共同的记忆，这背后有情感积淀，也有陈旧的负担。针对娃哈哈 AD 钙奶，品牌方也进行过一系列的包装变化，比如 2014 年改用宽口径的"红领巾"80、90 后产品，2017 年推出 30 周年纪念款，广告语同步改为"与青春作伴"等。"AD 钙"一直试图强化与人们之间的情感关联，但整个情感共鸣的"撩动"似乎并不"走心"，以至于消费者端的反馈并不明显。同时，娃哈哈也始终忽视了如何解决品牌及包装老化的核心问题。

同样的情况在娃哈哈其他产品线也有发生，比如 2018 年营养快线推出两款限量款产品以及彩妆盘，虽然董事长宗庆后亲自出马带话题，但依旧反响平平。无论是跨界还是特别版本包装，其核心目的都是聚合成品牌影响力以解决品牌面临问题的同时，扭转人们对产品的原有印象进而带动销量。这看似可以天马行空，但其能发挥效用的前提条件却有一定的范式。比如大白兔和润唇膏的联合跨界，巧妙利用消费者对产品香甜气味的认知；锐澳（RIO）

和六神花露水的联合，制造有趣的冲突感和记忆点；奥利奥音乐盒利用饼干和唱片外形上的相似以及奥利奥持续与音乐关联的传播，让特别版本与常规产品强势关联，并通过黑科技等热点带动话题，进而形成销量转化；2019联合利华凡士林礼盒装转运"凡事灵"，将品名与美好的寓意直接关联等。但凡有效且能够让人印象深刻的特殊版本包装，必然会转化到品牌本身，这样的转化效果需要具备两种特性：①一定程度上与品牌或产品特性关联，形成有效的聚合力；②具备某种巧妙"意外"的反差感，形成独特记忆点或传播点。否则，大多只能成为品牌的独自吆喝，难以勾起消费者兴趣达到预期目标。

2. 现在的问题如何应对？持续突破与创新

和中国本土领导品牌同样面对难题和转折局面的，是在过去所向无敌的以可口可乐、百事、亿滋、达能、雀巢、玛氏等为代表的全球性食品饮料"巨头"们。

为全球性品牌进行包装设计颇具挑战，必须向不同国家与文化传达相同的品牌格调与一致的产品品质，品牌的基本概念在不同情境下尽量保持相同或相似，但也要针对不同国家市场的特殊要求与特点，以一种能够超越语言的形态出现。但是也正因为国际背景，品牌覆盖面积广，因而带来了决策周期长、对机会点反应迟缓、研发滞后等弊端。

奥利奥在中国市场的突破与创新

今天成熟品牌的特权所能产生的效果已经愈发微弱，即便雀巢、达能、可口可乐卡夫这样的巨头公司，也在不断寻求突破和创新。

2018 年是奥利奥进入中国的第 22 个年头，和许多跨国背景品牌面临的问题一样，该品牌也曾很长一段时间面临产品在中国市场水土不服的问题。在 2013 年，奥利奥品牌端发生了非常明显的转换。在这之前"扭一扭，舔一舔，泡一泡"是奥利奥最深入人心的口号，将场景绑定在爸爸妈妈与孩子非常具有仪式感的甜蜜时刻，聚焦于亲子消费场景。奥利奥在中国并没有形成似美国"奥利奥等同于饼干"的广泛认知，中国妈妈对孩子饮食习惯的培育也以营养均衡、少糖、健康为主，因而奥利奥在"亲子"这张牌上磨合了相当长的一段时间，并投入了大量的教育成本。

随着奥利奥的市场变大，除了夹心饼干外，延展出威化、零食等产品，"扭，舔，泡"不再具备广泛的代表意义；同时消费群体转变，从核心的亲子群体拓展到更具购买力和接受度的年轻消费群体。至此，奥利奥重新定义品牌，出现了上文提到的，2013年后全球奥利奥的大转型。重新定义品牌后的奥利奥可以从不同的营销活动和传播推广中看到明显的画风转变，轻快、活泼、时尚和趣味，更多的潮流元素融入。2017 年 5 月 22 日，全新升级版奥利奥亮相，线下包装从一整包变为单盒两小包，更适应消费者食用习惯的同时，把"玩转"概念沿用到体验端。而"甜得刚好"

口号响亮提出，与美颜相机、美图秀秀合作，一副必须打消女孩子对身材顾虑的架势。设计方面仍然延续奥利奥蓝色调，但整体升级变得更为简洁时尚。

区别于线下产品包装升级的谨慎，奥利奥对电商渠道的运用有自己独特的见解和玩法。许多消费品品牌把线上渠道当作线下的补充，产品都是一样，只是到达消费者手中的方式不同。本质上还是产品销售。而奥利奥依据自身品牌及产品特性，重新定义了线上渠道的作用，用包装创新将线上渠道改造成品牌传播的自媒体，让产品自带话题点和分享点。在亿滋电商部需要协助品牌赢得年轻消费者这样一个大的课题下，奥利奥电商团队面临的挑战与机会并存。

首先，跟所有全球性品牌一样，奥利奥线下产品的创新或多或少存在一定的障碍。更吸引年轻消费群体的是具备差异化的"新奇特产品"，与之相比，标准线下产品实际上并不具备竞争优势。其次，在互联网高速发展的近五年时间里，消费者刺激阈值越来越高。简单来说，随着中国媒体的发展，尤其是微信、微博、手机端媒体飞速发展后，消费者接收信息愈发繁杂、碎片化，在消费者每天接触大量信息的背后，品牌与消费者建立深刻互动更加艰难，过往行之有效的营销方式越来越快地失效。消费者见过太多很酷的传播、有趣的插画、生动的海报、震撼的广告，但除了这些，拿到手里的产品并没有什么特别，也可以说是在消费者见得足够多以后，对产品的销售手段产生了"不过如此"的审美疲劳。第三，对于奥利奥所在企业——亿滋来说，战场从熟悉的线下转到线上，没有了传统商场、超市货架的统治地位，但也有了更多的机会。创新甚至颠覆的产品创意在线上能够实现更为快速的实践和反馈，科技把营销和销售真正的做到了无缝连接，直击消费者的营销案例可以迅速带来销售的转化。

面对机会与挑战，解决问题的有效要素包括 3 点：

①提供超出消费者期望的产品体验；

②借力中国电商尝试 CtoB 定制的反向开发体验；

③电商本身需要做到极致物流和优质客服体验，并将其最终转化为消费者对于品牌和产品的体验。

基于这 3 个出发点，奥利奥电商开启了"玩转之旅"。2016年 3 月 21 日，在微博发起"#打开想象世界#"话题，6 款定制包装首次发布，消费者在程序中上传照片后可以定制奥利奥限量版，将自己上传的照片与奥利奥包装中的画面结合。2016 年 5 月，奥利奥缤纷填色限量版在天猫开售，包装设计中的插画风格和当时非常流行的《秘密花园》填色书籍相近，不同的是消费者可以直接在线上结合自己的喜好进行 DIY 填色，通过电商物流和数码打印技术颠覆传统的生产供应链思路，消费者从填色到收到产品只需要 5 天时间。可以说这标志着满足消费者定制需求的"快设计"产品的开启。

2017 年 5 月 16 日，红极一时的奥利奥音乐盒在天猫超级品牌日亮相。音乐盒真正实现了为消费者营造"WOW Moment"，给消费者营造了三重惊喜。①最核心的是音乐盒本身，通过奥利奥的形状与黑胶唱片的强关联度，通过咬一口换一首歌的"黑科技"引发了消费者及各类媒体的大量讨论；②延续包装作为礼物的定制特性；③将虚拟与现实结合，通过 AR 的实时体验增强消费者的趣味感。在此次超级品牌日的活动上，奥利奥音乐盒产品上线五小时，全店的销售额超过了 2016 年"超品日"全天，40000 套限量版礼盒全部售罄。数据漂亮的同时，给奥利奥品牌本身也带来了巨大的话题传播量和关注度，成为众多品牌学习的案例。2018年奥利奥电商继续创新突破，推出了音乐系列的新玩法 DJ 盒，但是带给人们的冲击和记忆已经不如音乐盒时期强烈。我们可以看到消费者的迅速变化，持续创新力对任何品牌都是极大的挑战（图 5-1、图 5-2）。

二　成长期品牌：产品矩阵构建与品牌资产的群聚效应

　　成长期品牌在品牌包装层面遇到的问题也比较多，但最具普遍性的还是产品矩阵构建与品牌资产的群聚效应。

　　多数成长期品牌在一款产品取得市场认可后，都会进行产品线的延伸。延伸的原因可能来自市场新趋势或决策层的新洞见，也可能是为了应对竞争对手的新策略。如果每次产品线延伸都取得了成功，或大部分取得了成功，那么这种情况就会持续下去。几年后，当品牌希望通过这些产品来实现品牌群聚效应优势时，

图 5-1　奥利奥音乐盒

图 5-2　奥利奥 DJ 盒

会发现各个产品间缺乏互通性和共融性。因为没有规范和有效的品牌视觉管理系统，各个延伸产品的设计风格更是五花八门，最后不得不回头调整品牌架构，重新梳理品牌资产，统一品牌设计语言，这既是历经疼痛的领悟，也是无奈的选择。

以早期发展迅速的品牌王老吉为例，在需要扩充产品线形成产品矩阵时，其包装存在的问题便凸显出来。除了红色和王老吉三个字，再没有其他可演化的品牌资产，在推出低糖版和无糖版凉茶时，为了和常规版产品做区分，在版式排列不变的情况下，把颜色改为了紫红色，并增加花卉图案。这样的变化显然对未来产品线拓展没有太大帮助。后续的推新产品包装中王老吉将品牌名称完全缩小，仅作为"弱背书"出现在包装正面，从设计策略上看是希望以单个产品的势能去驱动市场的成长，做到多点开花，最终每个产品都做得像一个独立的子品牌。这样的策略对王老吉是否有效，相信市场已经给出答案。

在《非传统营销》一书中，拜伦·夏普教授根据 TNS 数据显示得出这样的结论：真正对品牌增长贡献最大的并不是品牌的重度购买者，而是大量的轻度购买者。

王老吉的产品线扩充策略偏向于通过用户购买次数的增长驱动品牌和市场增长。早期的低糖凉茶、无糖凉茶、近两年的黑凉茶、茉莉凉茶、爆珠凉茶，均在产品口感上做细分，而没有从人群细分及场景细分寻找增长机会。这样做其实是充满危机的，如同在自己盘子里分配已有的蛋糕，而不去其他人盘子里分新蛋糕。

就算新产品增长了，也必定会导致主盈利产品的下滑。

本书建议单一产品成功后，可从品牌元素的可延展性和品牌感官容积量两个点去评估，及时快速做出调整，为品牌未来的发展提前打下坚实基础。

品牌元素的可延展空间很好理解，一个产品在市场上获得成功后，会在包装容器或容量上进行延展，形成丰富的产品组合以满足消费者不同的使用场景。品牌资产在各种包装形式（变体）间的延伸是否流畅且一致，是品牌元素延伸的第一步；以软饮料包装为例，在PET瓶上的品牌元素是否能很好地延伸到易拉罐、利乐盒等其他包装（变体）上。因为不同的包装材质，印刷工艺要求都存在明显的差异。只有能适应不同包装变体延展的品牌元素，才能让品牌在传播与消费者沟通中始终保持一致。

感官容积量是指品牌核心元素再创作的空间有多大。这是产品线多口味多规格延展时必将面临的问题，例如，如果陈皮特饮要推出陈皮普洱茶、陈皮菊花茶、陈皮铁观音等产品，那么作为陈皮特饮核心元素的设计——数字"9"再创作的空间其实非常大，只需将数字"9"下部分设计中的饮料质感作为核心元素再创作区域，对不同内容进行更换即可，既可保证品牌视觉系统的一致性，又能兼顾单个产品间的特性。

处于成长期的品牌，既需要根据品牌自身的势能和消费趋势制定有效的产品矩阵战略，也需要在品牌视觉管理系统的指导下制定品牌资产视觉运用规范，比如在不同规格的产品包装上，品牌 logo 的版面占比、边距比例、文字的字体、字号、色号等，都需要根据包装规格和容器特征的不同作出明确界定，保证品牌资产在众多包装变体中保持一致，形成产品群聚优势效应。

品牌资源无法有效聚合并难以延用是目前国内成长期品牌普遍遇到的问题，有的品牌已经意识到了，有的品牌依旧没有觉悟。

案例分析 东鹏特饮包装升级

2016 年底，笔者为东鹏饮料旗下主力产品东鹏特饮进行了包装设计升级，经过近 20 年的品牌运作东鹏特饮无疑已经成为国内功能性饮料行业的标杆企业，在竞争激烈的功能性饮料红海中拼杀出了独一无二且不可复制的道路。随着东鹏特饮近年来不断在新媒体发力和持续"年轻化"转型，现有的包装形象已经完全跟不上东鹏特饮迅猛发展的步伐，品牌包装设计升级迫在眉睫。

笔者作为设计方始终认为品牌的包装升级，实质是品牌感官的系统化升级。设计方同品牌方一起，从品牌端、传播端、竞争端、体验端四个维度对原产品包装进行梳理分析。

①品牌端存在的问题包括品牌识别效率问题，品牌形象与品类特性关联度问题。

②传播端存在产品及品牌传播突显度的问题，比如在影视植入中，由于饮料是金黄色透明的，而包装上的品牌 Logo 也是金黄色的，非常容易与周边环境融为一体，广告植入时镜头一扫而过，

根本看不清到底是哪个品牌。

③竞争端问题也较为明显，受包装材料和贴标方式的影响，东鹏特饮包装整体质感偏弱，感官价值低，由于瓶体和标签都是透明的，产品同竞品相比在货架醒目度也偏低。

④最后是体验端，原来在消费终端卫生条件较差，外盖的添加让产品看起来更干净卫生，也是品牌独特性的记忆点。但是，消费者饮用时需要先打开外盖，再打开内盖，外盖需要腾出一只手拿着，体验上略显繁琐一些。

根据四个端的问题梳理，我们提出了品牌感官系统升级的解决方案。

Logo 优化

原来的"鹏"标识设计在视觉识别上品类特性不强，标识内部线条装饰性大于品类指向，而且内部信息过多。设计升级后的"鹏"标识以"积极拼搏"的精神内涵可视化为前提并融入品类特性，将不必要的线条进行简化和优化，标识内部的线条由原来的均匀粗细改为放射性粗细，标识整体显得更具活力，体现出向上拼搏的爆发力。在优化字体的同时，也将产品描述性文字这类"非品牌核心信息"从视觉中心区域移除，简化消费者可记忆内容，优化后，"鹏"标识具备品类特性的同时更为简洁时尚（图5-3）。

品牌字体优化

从人脑信息提取效率上看，提取图形的效率要比文字快，但是在消费者认知层面，文字的精准性指向又是图形无法达到的，

图 5-3　东鹏特饮 Logo 升级

品牌名称的字体设计强调品牌个性，表达品类特性，便于消费者识别也同样重要，产品的受众越广泛，对识别的要求性越高。

我们会发现，原东鹏特饮品牌字体有刻意强化或过度彰显设计能力的部分，比如每个字形都进行边角设计，但由于"东"字的设计与"乐"过于近似，在识别上很容易引起消费者的困惑，这对于品牌传播是一种无形的成本增加，新字体的优化依旧以"积极拼搏"的精神内涵可视化为前提，将鹏字右侧的"鸟"字最上面的点设计为三角形，与鹏标识"脖子"部分的三角形形成视觉连贯，以保持视觉感知的流畅性（图 5-4）。

品类感官特征强化

能量感、激情、速度是提起功能性饮料后能想到的重点词汇。如何让这些词汇在如此有限的空间里与传播已久的品牌 Logo 产生自然的关联，是包装设计面临的重要挑战。

优化前　　　　　　　　　　　　优化后

图 5-4　东鹏特饮字体升级

　　我们挖掘了各种与能量相关的视觉印象与图形联想，从天文学的宇宙大爆炸，到物理学的能量守恒等。最终，飞行器加速到超音速时突破音障形成的漏斗状的"音爆云"给了创意的灵感。

　　这是一种具有广泛认知的关于速度和能量的视觉印象，而且与品牌形象的结合非常自然贴切。红牛两头牛碰撞的 Logo，包括红牛蓝罐以中心为轴的分割方式，都能够产生力量碰撞的视觉感受，东鹏特饮的新视觉升级上，可以发现无论从正面还是侧面，放射性的线条都会让人产生一种奋力向上的视觉感受。

　　为了让已有消费群体更易接受，对 PET 瓶装东鹏特饮的包装升级进行了分步骤的规划，力求达到"润物细无声"的产品迭代。在首次亮相的瓶装升级包装中，大鹏 Logo 的整体比例调小。其实品牌传播 Logo 未必是越大越好，更重要的是聚焦。新标签以银色漏斗状的音爆云作为分割，自然与"鹏"的造型结合。这样设计在产品变化较小的同时，带来两点非常重要的改善：①产品从全透明变为小部分透明，受外界环境影响降低；②银色的加入并没有影响产品内容物的色泽和食欲感，反而更具价值感。在升级的

图 5-5　东鹏特饮包装升级

标签印刷中使用了金、银油墨后，在消费者眼中视觉差异不大的新老产品，在品质感上得到了翻天覆地的变化（图 5-5）。

产品线延展思考

同时升级的还有东鹏特饮的延展产品——罐装东鹏特饮。目前市面可见的功能性饮料，都在不同程度上进行色彩占位：红牛金色；乐虎瓶装黑色、黄色；MONSTER 黑色、绿色；植物功能性饮料统一抢占的绿色。正如包装方法论中色彩占位里所描述的：色彩看似千变万化，但真正能与品牌产品契合的可用之色少之又少。

如何在使用金罐以确保产品功能性饮料属性的同时，具备更高的品牌专属性和记忆度呢？在罐体上，东鹏饮料的标志性"鹏"视觉符号做了最大限度的呈现，即使在远处也清晰可见。漏斗状的尾迹云场景结合大面积红色，将罐体分割为金、红两部分。在终端陈列时，大面积红色会连接成片，颇具视觉冲击力和表现力。视觉符号与场景的融合以及红金色彩占位，让金罐东鹏特饮与市面上的多数金罐加红 Logo 加蓝色字体组合的产品形成了鲜明的区隔（图 5-6）。

图 5-6　东鹏特饮新春版

三　新生品牌：品类突围和开创新品类

新生品牌我们可以分两种情况来看待：①在现有品类中作为跟随者身份出现；②开创新品类。但无论是哪一种，我们都必须面对今天市场环境中新品阵亡率居高不下的残酷现实。

1. 品类突围——体现特性

近些年，饱和品类中突围最具代表性的案例，本书谈一谈乐纯。

早期乐纯以北京三里屯排队最长的两家店之一（另一家是苹果）打响名号，凭借口碑营销和品牌故事打动了最初的一群消费者。抛开乐纯堪称经典案例的营销手段不谈，能够在竞争激烈的乳制品品类中突围并被人们关注，产品及包装也同样具备可圈可点之处。从产品选定为滤乳清酸奶借细分品类突围，到推出椰子玫瑰、香草榛子、榴梿、柠檬、茉莉花等区隔于大多数酸奶的口味创新。包装形式尽管盒装尺寸较大，酸奶几乎只占盒子的一半，包装形式略显复杂，但却可以支撑其高于市面酸奶 50% 以上的售价，同时与竞品形成强烈差异化区隔。乐纯在设计风格上始终沿用水彩画风格，尽管早期模仿英国 Waitrose Just Desserts 冷冻甜点的设计表现，但影响并不大，并在后续迅速调整。我们可以看到这个过程中的几个关键点：①差异化区隔；②记忆点；③价值支撑。许多新品欠缺的，恰恰是这三个看似基础的必备要素。

同样是现有品类突围，曾经轰轰烈烈的恒大冰泉可以作为非常典型的"不推荐这样做"案例。

2013 年 11 月 9 日的亚冠决赛场，恒大足球队悄然穿上了印有"恒大冰泉"字样的新球服，在中央五台和广东卫视的比赛转播间隙，时长 5 秒钟的恒大冰泉广告频繁播放，而在赛后恒大集团的庆功表演上，"恒大冰泉"广告牌成为舞台的背景，出现在最醒目的位置，恒大冰泉"横空出世"，一夜成名。紧接着 2013 年 11 月 10 日，恒大集团召开恒大冰泉发布会，宣布产品面市，正式对外宣布进军高端矿泉水市场。这也是恒大集团吹响多元化号角的首款跨界产品，一瓶 350ml 的矿泉水定价 4 元。为了产品更好铺开市场，恒大冰泉在传播推广上 20 天豪砸 13 亿，成龙、范冰冰、全智贤、金秀贤都是恒大冰泉的代言人，电视、网络、公交、户外、电梯，只要有广告存在的地方就有恒大冰泉，除了推广投入的预算高，终端能见度也非常高，连村级小卖店都能看到恒大冰泉的身影。

客观来看，恒大冰泉在产品上是占据优势的，"长白山深层火山矿泉，世界三大黄金水源之一"。做水饮，产地资源尤为可贵，一般都会占据自然优势的区域，如雪山、自然湖水。在人们的认知里，优质好地产好水，如依云占据阿尔卑斯雪山，昆仑山占据昆仑雪山。

恒大冰泉打出长白山这一天然优势资源为品牌做背书，再运用冰泉这一名字做品类细分是有战略高度的。这个策略甚至让国内水饮巨头农夫山泉感到了压力，山泉水的稀缺性肯定比不上冰泉水，而长白山与千岛湖相比，优势也非常明显。于是，在恒大冰泉运作的第一年，农夫山泉也大量传播自己在长白山找水并将进行长期建设等工作进行防御，在产品上也推出了均来自长白山的学生水、儿童水和高端水。

恒大冰泉拥有产品优势、资金优势，传播推广上也花了很大力气，终端能见度不低，但结果却有些意外，很强的优势并没有一炮打响，相反随后迎来了巨额亏损。

2015年恒大集团曾计划分拆恒大冰泉单独上市，根据当时普华永道的数据显示，恒大冰泉2013年、2014年和2015年1月至5月分别营收3480.22万元、9.68亿元和2.84亿元，净利润分别是-5.52亿元，-28.39亿元和-5.55亿元，累计亏损高达40亿元。

恒大冰泉花40亿买教训，恒大冰泉巨亏40亿等各种文章在媒体上多次出现。

有人说是恒大冰泉名字没取好，在消费者认知中，恒大与地产强关联，就好像霸王一个做洗护用品的品牌推出了凉茶一样，让消费者不容易接受。

有人说恒大失利的主要原因是：跨界困境——过度的自我优越感导致决策失误，对行业缺乏认知，高估市场规模，定价过高。

有人说恒大冰泉推广毫无章法，广告语一年九换，先后用过"天天饮用，自然健康""喝茶醇甘，做饭更香""健康美丽""长白山天然矿泉水""我们搬运的不是地表水，而是3000万年长白山原始森林的深层火山矿泉水""做饭泡茶，我只爱你""喜欢我就喝恒大冰泉""一处水源供全球""出口28国""爸爸妈妈我想喝"等，让人眼花缭乱，应接不暇。最终，消费者一个也没记住。

其实还有个源自产品本身的问题被忽视，恒大冰泉的外包装设计是典型的高诉求低配置，售价4元的水用了1.5元的外包装。

不管广告上说得多好，产品修图修得多漂亮，到终端与竞品摆在一起，恒大冰泉的产品形象瞬间被拉回到 1.5 元的价格档。我们的心智并不仅仅被广告语占据，也会给产品形象归类。这也是康师傅绿茶和统一绿茶，从上市到现在 20 多年包装形式没有太大变化（虽然根据审美发展趋势有些调整），销售价格也只是细微提升，不敢有太大动作的原因。绿茶饮料这个品类已经在消费者心中形成品类印象与感官价值的匹配。作为品类创新者采用与之类似的包装形式，不管图案设计多新颖，广告宣传得有多么高端，都是徒劳（图 5-7）。

图 5-7　恒大冰泉

恒大冰泉作为品类新进者，在包装上并没有另辟蹊径，重新定义自己的差异化产品形象，也没有通过包装设计占据冰泉这一品类外观特性，而是延用已经在消费者心智中形成的品类印象及与感官价值匹配的固有形象（昆仑山也存在这个问题），包装看起来仿佛是怡宝和昆仑山的结合版。

这样的案例在中国市场上并不少见。2016 年 8 月，张裕推出 100% 果汁加葡萄酒的"小萄"产品，将其定义于葡萄酒的"轻饮时代"。果汁加葡萄酒这个概念很新鲜，消费者一般愿意尝鲜，如果产品品质和口感过硬，是一款有前途的产品，而且作为葡萄酒品类 275 毫升卖 13 元不算贵，但是最大的问题依旧出现在包装形式上，"小萄"类碳酸饮料的感官特征让这个产品的溢价能力瞬间崩塌。这个产品包装给消费者的感觉像碳酸饮料，而不是新式葡萄酒，500 毫升售价 3 元的碳酸饮料包装既视感已经在消费者心中形成低端价格认知。当这种认知变成消费者共识后，掏 13 元为 275 毫升的新式葡萄酒买单变得有些困难。如果在产品推出之前，对包装形象与消费者感官认知有一定的了解，将瓶型、封盖及贴标方式都以新品类的思维进行设计，在产品包装设计概念上强化它既不同于传统葡萄酒品类，又不同于饮料品类，而是一种全新的品类，在时尚便捷的同时又具有高端价值感，是否会开辟另一方天地呢？

再比如，葡萄酒优劣的感官评判标准已经在消费者心中形成固有印象。螺旋盖式的开启既环保又方便开启，从经济学角度看无疑是最优替代方案。但是这么多年过去了，高端的葡萄酒依旧还是采用橡木塞的封口形式，这种开启的仪式感是高端红酒必不可少的环节。利乐式包装的葡萄酒在中国也依旧毫无起色，虽然这种包装更环保，成本更低。

一种包装形式代表的品类形象特征在进入市场并获得成功后，经年累月，包装形式所带有的感官特征就会在消费者心中形成感官价值共识，这种共识一旦在消费者心中构建便难以扭转。聪明的设计会借用这种共识达到利益最大化，而有些设计则完全不顾不管这种共识的存在，任意为之，最后易被市场无情淘汰。

2. 新品开创——寻找支撑创新的感官价值

2018 年，在长期被国际巨头把持的速溶咖啡品类杀入一匹黑马——三顿半，在推出"超即溶精品咖啡"之前，这个品牌在淘宝上卖挂耳咖啡，和大多数品牌一样，销量平平。后来又做挂耳咖啡"大满贯套装"、冷萃咖啡，虽然销量有些起色，但随着模仿者的快速跟进，领先优势并不显著。"超即溶精品咖啡"的推出给三顿半带来了质的改变，2018 年 5 月份一经上市，就获得了天猫"小二"的注意，成为营销扶持的主要卖家，有机会参加很多淘宝首页的营销活动。在 2018 年入驻天猫一年的时间里，三顿半就创下单月销售额过千万的记录；2019 年天猫"双 11"，销量一度超过雀巢，成为品类第一。据说这个爆发的到来，连三顿半自己都没准备好，其创始人曾向媒体表示，2019 年"6·18"天猫粉丝节那天，销量远超预期，因备货不足，第二波活动第五个小时就断货了（图 5-8）。

速溶咖啡这个品类长期被雀巢占据，据市场调研机构欧睿国际提供给《第一财经》的数据显示，雀巢速溶咖啡在中国的市场份额已从 2015 年的 67.6% 提升到 2018 年的 72.4%。而行业里排行第二、第三的品牌，两者加起来，总体市场份额尚不到 10%。2018 年中国整个速溶咖啡销售总额是 68.55 亿元。

在势能强大的巨头地盘上抢占市场，这样的仗并不好打，速溶产品平均每包售价仅 1 元左右，在利润空间有限的情况下，

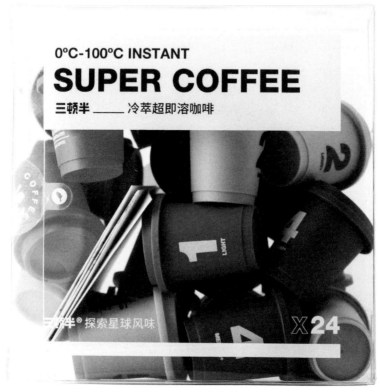

图 5-8　三顿半咖啡

如何优化成本就显得特别重要。而像雀巢这样的大型企业在这
方面很容易形成规模优势，建立成本上的壁垒。雀巢每年购买
咖啡豆占全球总量的 12%，强大的供应链优势使其能将产品毛
利率控制在 50% 以上。除了成本，雀巢的品牌势能、渠道掌控
能力都是一般中小型企业难以匹敌的。这些年来，云南多家本
土咖啡品牌都对雀巢发起过市场抢夺战，主观认为咖啡豆都是

一个种植园出的，甚至雀巢的咖啡产品都是由这些本土厂代工的，那么本土企业新创品牌摆在雀巢边上卖价格更低总会有人买吧，最后都铩羽而归。

用消费普及阶段的方法去挑战已经在消费普及阶段建立起绝对优势的对手，是一种盲目自信，也是战略选择上的错误。三顿半的竞争策略则是完全避开雀巢在成本、品牌、渠道方面的优势。用消费升级的思维消解市场先行者在时间（品牌沉淀）与空间（渠道能力）上的优势。通过技术创新提出"超即溶精品咖啡"的新品类概念，意在用技术突破带动品类升级。在渠道上也选择"雀巢"相对薄弱的线上渠道进行突围。除了产品技术创新、销售渠道突围，三顿半在包装方面的创新也有可取之处。

首先，在包装容器上跳出了常规的速溶条包，采用了更有品类指向性和外观独特性的迷你咖啡杯造型，打破了消费者对速溶咖啡包装的固有认知，这是通过包装升级带动品类升级非常有效打法，三顿半迷你咖啡杯造型也自带萌新属性，快速拉近品牌与消费者的距离（图5-9）。

电商渠道对产品外观独特性要求更高，因为除了用眼睛看和耳朵听，消费者无法做出更多的动作，摸不到也闻不到。只有通过外观独特性捕获消费者的瞬间注意力，消费者对商品产生了兴趣，详情页才能为辅助消费者决策提供支撑。

其次，包装材质虽然也采用了塑料，但通过表面工艺处理，很好地化解了塑料带给人的廉价感，色彩选择上也较为内敛。

图 5-9　三顿半迷你杯

再次，是设计上的克制，整体产品风格呈现出简约、本真、不做作的特性，这应该也是品牌想要传递的价值观。建立品牌识别未必是在包装上最显眼的位置印上大大的品牌 logo，其实产品自身具备的气质便是最强大的品牌标识。

最后，在产品的体验上，小小一个产品，携带和存放都非常方便。开启过程比较顺畅，倾倒后杯壁的粉末残留很少。使用体验的好坏关系到产品复购率的高低，只有将消费者接触的每个点都思考到极致，产品才会受到消费者的喜爱。

三顿半没有花费巨资请"流量明星"代言，没有在媒体上大量投放，也没有用高额补贴和促销价格战来抢占市场。通过技术创新与包装创新的融合，在巨头强势看似没有机会的饱和市场，创造出新的生长空间，这是值得很多中小品牌创业者学习的。

作为品类创新者，在产品形象上，除了塑造出竞争优势差异化外，感官价值沟通也是必要考虑的重要因素。品类开创者是最有机会成为品类领导者的。但也有一些品类开创者痛失品类领导者角色。比如：2009 年，国内第一款常温酸奶——光明旗下的莫斯利安上市，凭借与利乐公司的利乐钻包装的竞争协议，在常温酸奶蓝海中一家独大，畅游四年。耗费大量成本传达消费者"莫斯利安长寿村的秘密"，包装盒使用细腻的版画结合人物形象，力求带来身临"长寿村"的感受。在这个阶段，消费者既没有感受到"莫斯利安 = 常温酸奶"，产品也没有形成与品类高度关联的占位，更没有构建抵挡未来强势品牌跟进的壁垒。在拥有更强势媒介和渠道优势的伊利"安慕希"以相近的理念传达给消费者的形式出现后，莫斯利安迅速被赶超。有人说莫斯利安的失败首先败在定位上，过分夸大了自己与"长寿"的关联。毕竟长寿是60岁以上人才会关注的，60岁以下的人对长寿概念并不十分感兴趣。但事实上，本书前面的章节已经提到过，作为品类开创者，莫斯利安的包装本身已经有一些非常典型的问题存在。

3. 延展思考：鸡尾酒品类的快速崛起与落寞

基于中国市场的独特竞争环境，我们在这个环节要着重强调增加、跟进品牌的跟进成本，尤其是市场"搅局者"的进入成本。近些年，国内市场上因为没有在产品包装层面构建壁垒，增加跟进品牌的跟进成本，发展过程中出现严重问题受到较大影响的是鸡尾酒品类中的代表品牌：百润股份旗下的锐澳（RIO）鸡尾酒。

尽管百加得冰锐早先一步耕耘中国鸡尾酒市场，但真正深入中国消费者心中并带动鸡尾酒品类大爆发的品牌无疑是锐澳（RIO）。2014年，锐澳以近10亿元的营收额成为鸡尾酒品类行业第一，反超背靠百加得培育多年的鸡尾酒品牌冰锐。锐澳（RIO）的成功应该说是各方面契机的综合产物，而任何一个品类的迅速发展背景必然与消费群体或经济环境变化相关。随着年轻消费群体的崛起，追求更好的口感和更愉悦的饮酒体验的新兴消费需求逐渐扩大。在当时，大多传统的白酒不被年轻人接受，啤酒的口感和特性并不适合女性，红酒的价位和气质上又与年轻人聚会的热闹场景略显违和。锐澳一路高举高打的营销手段让消费者仿佛突然之间发现了可以填补这些空白的产品，系列电视节目冠名和热播剧植入之后，大覆盖率地输出了品类特性、饮用场景，也充分调动了消费者的猎奇心态。锐澳快速掀起鸡尾酒品类发展势头，但随之而来的则是大大小小品牌的跟进。基于其难度并不高的研发、包装门槛，无论传统白酒、红酒还是饮料企业都跃跃欲试。

黑牛食品率先相中爆发中的预调鸡尾酒品类。2014年，黑牛食品管理层换帅，新任总裁迅速进军预调酒行业，建立预调酒品牌"达奇/TAKI"。短短几个月内，组建了一支130人的团队。为了推广"达奇/TAKI"，黑牛，与《来自星星的你》的男主角金秀贤签订了2年期的代言合同，同时在浙江卫视、湖南卫视等媒体投放广告。

黑牛食品一马当先，其他的跟风者也不甘落后，尤其是白酒企业，洋河推出"滴诱"品牌，计划在2015年上半年推出首款鸡尾酒产品，预估推出后首年销售5000万元，然后用2~3年时间成为行业主流品牌，最后再用3~5年时间成为行业领导者。古井贡酒宣布投资3000万元打造"佰色/BESE"预调酒；五粮液推出"德古拉"预调酒；水井坊、汾酒、泸州老窖等也都纷纷表示将推出预调酒。洋酒和啤酒企业也快速跟进，啤酒巨头百威英博则推出主要针对夜场的"魅夜"预调酒。

在后来者跟进市场的过程中，作为品类开创者的 RIO（锐澳）也没有闲着。2014 年，受收购消息的影响，大量经销商进入预调酒行业，纷纷向 RIO 下单，RIO 的销量急速飙升至 9.82 亿元，是上一年的 5 倍多。由于销量暴涨，RIO 迅速增加产能，将工厂拓展到天津、成都、上海、佛山四地。与此同时，锐澳母公司，还加大了 RIO 的广告力度，把 RIO 植入到《何以笙箫默》《杉杉来了》《步步惊情》等热播剧，以及《奔跑吧兄弟》《天天向上》《中国新歌声》等综艺节目中，并聘请"颜值搭档"杨洋和郭采洁为代言人，传播"RIO 超自在"的品牌理念。

让所有人都没有想到的是，仅仅一年时间，鸡尾酒品类就迎来了寒冬。持续的大力度营销在度过早期消费者认知阶段以后，无法带来持续的品牌价值，产品功能或情感特性不足以支撑持续购买力，无数大大小小的品牌进入，导致品类产品质量良莠不齐，直接影响了许多初次尝试的消费者对品类的好感……最终，鸡尾酒品类迅速出现了问题。

真正导致品类崩盘的并不是黑牛食品、百加得、五粮液、百威英博等具备规模的大企业，而是许多连名字都叫不上的小型企业。产品封装形式过于简单是当时 RIO 鸡尾酒在产品包装上存在的一个重大隐患。由于扩张迅速，RIO 并没有意识到这个产品的源头问题，等意识到的时候已经难以挽救，山寨假冒品迅速冲上市场。这些搅局者只想趁着风口赶紧捞一把，连品牌名都懒得取，随便拼凑几个字母跟着锐澳的包装设计样式走。

产品更是粗制滥造，随便一调就推向市场。低价是他们的核心优势，这些产品的存在不仅威胁了 RIO 的价格体系，更是将整个鸡尾酒品类的形象败坏，让对预调鸡尾酒市场存在兴趣的消费者望而却步。

2014~2016 短短两三年的时间，RIO 经历了品牌带动品类的大起大落。

我们看到 2016 年后，鸡尾酒品类回归理性，一窝蜂进入市场搅局的大小品牌退出，只有百润起身，拍拍尘土，带着 RIO 反躬自省，重新开始，其瓶装包装外形升级后变为更复杂的封口方式，同时新品更多采用对灌装线和起订量都有一定要求的易拉罐，此外也围绕产品展开了一系列研发创新和特性突破。产品从鸡尾酒品类延伸出经典、微醺、本味、STRONG、S 罐、COOL 等个性鲜明的产品线，同时推出了气泡水等延伸品类。无论代言人选择还是营销推广，都更具配合产品的针对性，洗尽铅华沉淀后有了领导品牌真正该有的样子（图 5-10）。

4. 品牌如何通过包装构建壁垒

作为品类开创者，当品类技术壁垒不够强，门槛不够高时，包装便是建立壁垒和门槛的第一要素。广告语、广告画面只是辅助消费者记住品牌或产品的手段，真正与消费者互动的是产品包装，消费者需要的不是广告而是产品。广告语会根据不同的策略调整更换，但是产品一上市，产品在消费者心中便产生了印象，

图 5-10　RIO（锐澳）

形成品牌资产，对于很多品牌来说，想换但又不敢换，只能一次次地慢慢调整。

如何通过包装设计建立竞争壁垒，本书认为可以通过 3 个维度进行构建：

①通过产品外观注册专利建立包装壁垒；

②通过技术设备，建立包装壁垒，如罐装设备，包装材料起订量等；

③通过包装形式与材质工艺独特性建立包装壁垒。

　　2016 年爆红的《欢乐颂》，以全国电视剧收视率第一，网络点击量破 100 亿，成为大家茶余饭后的谈资。剧中白富美安迪一紧张就喝水，有事没事就喝水的戏份也带火了依云玻璃瓶装水。水应该算较低技术壁垒的产品之一，将高端水和普通水分别倒入玻璃杯里，没几个人能从口感上区分出它们有什么优劣。依云这款瓶装水在封盖方式和瓶体制作工艺上都建立了壁垒，让"趁火打劫者"有利难图。螺旋封盖方式需要特定的封盖设备才能进行封装，这是一笔不小的投入，对于"趁火打劫"者来说，这么高的投入，"打劫"所得远比不上设备购置投入，更让"打劫者"望而却步的是，瓶体上竖排"pure"英文的内凹工艺。这种玻璃内凹工艺目前只在欧洲地区有（需要保证大批量运转，而不是定制化地做几十上百个）。国内多家大型高端酒瓶生产商均表示，实现这个工艺有难度，甚至涉及整个模具制作端的改造。无独有偶，国内饮用水巨头农夫山泉在推出玻璃瓶装高端水时，在包装上也建立起技术壁垒，盖子的供应商来自美国，瓶子的批量化生产也在欧洲完成，国内只进行灌装。这也是农夫山泉高端水推出后为什么市场没有出现跟风者和搅局者的原因。

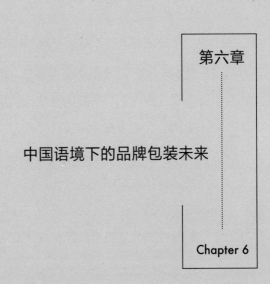

第六章

中国语境下的品牌包装未来

Chapter 6

一　　"国潮"热背后，是文化自信的回归和中国独特语境的形成

2015 年 5 月在纽约大都会博物馆举行的一场秀，主题叫作"镜花水月"，艺术总监是王家卫。这个秀到最后，中国设计师与西方设计师产生了明显的分歧，旗袍是否能真正代表当今中国的一个语境？大多数中国设计师认为，旗袍已经过时了；而西方设计师则认为，旗袍非常能够代表中国语境。在这里我们会发现，即便具备代表性的民族文化，在不同成长环境长大的人的眼里，所带来的感受也是完全不同的。这也是为什么近些年许多奢侈品牌针对中国节日推出的限量款产品非常难以让中国消费者接受的原因之一，即文化差异带来的认知差异。

虽然我们身处全球化背景下，但不同国家、不同文化间的设计语言都各有特征，给人不同的感受，比如德国设计风格严谨、简洁、精准；法国设计风格热情、浪漫、奔放；北欧风格冷淡、极简；日式风格清新、雅致、克制、文艺又不失对自然的崇敬等。透过这些各不相同的设计语言，可以感受到源于地域文化及社会发展的人群个性与偏好。

那么，中国的设计风格是什么样的？随着民族自尊心的增强，文化自信心的回归，越来越多真正属于独特中国的设计出现在我们的身边，也得到了中国消费者的热情回应。

2018 年被媒体称为"国潮"元年，以故宫博物院为代表衍生

出的文化创意产品备受关注；李宁在巴黎时装周大秀"中国李宁"引起广泛轰动；许多传统国货品牌如"老北京""老上海"等老字号店铺重回大众关注甚至在网络蹿红；《中国诗词大会》《我在故宫修文物》等将传统文化融入现代生活的节目得到年轻人的追捧等。代表着中国文化逆袭的现象让人惊叹之余也颇为振奋。商业层面，文化以品牌为载体，与消费者保持着密切关联。国潮品牌迅速增长的同时，许多传统品牌也与国潮拥抱，比如得力的"盛世新颜"系列文具、RIO鸡尾酒与老字号"英雄"墨水的联名包装等。

　　中国文化的回归以及大众对中国文化的强烈认同，某种程度上推动着"国潮"的发展，也带动着包装设计往共情方向发展。"大漠孤烟直，长河落日圆""明月松间照，清泉石上流"，寥寥数字所勾画的意境之美，只有中国语境下才能淋漓体现。"国潮"的背后，一方面是消费者对传统文化的拥抱，另一方面也是人们追求个性化、多元文化、与众不同的表现。也许类似"国潮"这样的品牌热现象在未来一段时间内会逐渐冷却，但不会改变的发展趋势是依托于文化回归而衍生出的消费者共情，以及新生消费群体对本真、个性化不变的追求。

二　　独特的中国语境下，依托文化共情挖掘创新产品策略和人性需求

　　宏观来看，中国现今的经济环境及发展在某些方面与曾经的

美国或日本有些相近，因而许多品牌从研发到品牌策略都在研究美国、日本相近阶段的发展趋势以求获得灵感。但实际上中国独特的政经环境、文化特征、人口规模、经济发展变化衍生出的电子商务、物流发展、移动支付、场景重构等，推动出现了顺应中国发展的市场现象和品牌发展态势。

近些年，我们可以看到许多国际背景的大型快速消费品品牌，从日化行业的联合利华、宝洁到食品饮料行业的达能、雀巢，全球通行的市场成熟运作方法在中国市场都呈现疲软的态势。宝洁经过数年的业绩下滑后，在近两年通过对品牌端、产品端、媒体端、渠道端进行全新的调整，来适应充满变化的中国市场和中国消费者，逐渐重回正轨，形成新的增长势头。

而达能中国饮料线近些年的推新，无论调味茶饮料——天方叶谈，还是脉动的新产品——炽能量或近水饮料——柠檬来的等，都反响平平，产品未达预期后就迅速下架。

2018 年 4 月，达能推出天方叶谈调味茶饮料，对于这个产品达能本是寄予厚望，期望通过自身的品牌优势及渠道能力，快速以 5.5 元每瓶的价格，形成与统一企业的小茗同学、农夫山泉的茶派"三分天下"的市场格局。为了更好地配合上市销售，达能在多个主流媒体投放天方叶谈广告，终端店铺采用大量的装饰造势，甚至很多便利店墙体外观都被改造成了天方叶谈的品牌形象墙。传播策略契合年轻人的当下状态，表现年轻人日常被压制的情绪，通过喝茶获得释放。"传奇兽系茶，释放不安分"的广告语也值得玩味，"传奇"对应着品牌故事，也是品牌功能利益支撑点；"兽系茶"诠释差异化定位，围绕"兽系"做多维演绎；"释放不安分"则是面向消费群体的情感共鸣支撑。包装设计的感官差异化围绕南美异域风情展开，设计元素缤纷但不凌乱，如果以视觉传达为评判标准，在终端跳脱度、美感、信息传递节奏等方面并不薄弱。

　　但这个品牌体系成熟、营销投入不小的产品，最终并没有引起消费者的积极反馈，上市一年黯然下线（图6-1）。

图6-1　天方叶谈

天方叶谈在品牌包装上的显著问题是异域文化运用上的重点偏离和对年轻消费群体的洞察失误。

首先在异域文化运用上，品牌故事依托的南美洲本土文化对于中国消费者来说太过陌生。在中国市场不存在具备广泛认知的基础，多数人对南美的第一印象也并不是充满魅力的神奇之地。基于这样的大众认知，品牌故事想要引起共鸣非常困难，更接近广告人的"圈层自嗨"。与天方叶谈品牌故事和开发思路相近的，比如统一旗下泰魔性柠檬茶。同样依托于非本土文化，泰魔性借势《泰囧》系列电影的热议话题和泰国旅游的流行，解决了消费者的基础认知问题，而南美文化只能依托于品牌不断的传播和推广，无势可借。

其次是对年轻人群体洞察的不深入，强行差异化的同时存在沟通障碍。"兽系"这个概念在东亚文化圈没有根基，没有根基意味着需要非常大的教育成本投入，但能否被接受仍是未知数。当天方叶谈后面推出办公室篇广告时，彻底站在"佛系"的对立面时，产品的消费场景进一步变窄，虽然广告代表大多数年轻人说了想说而不敢说的话，但也成了年轻人想买又不敢买的障碍。"佛系"文化在年轻人中的流行，并不能完全理解为消极或负面。"佛系"并不是真正的归隐山林，消极对待生活，而是为随时可能在竞争中落败的局面寻找心灵和解。"佛系"本质上是个中性词，具备宽泛的解释空间，这也是独有的一种现象。

回归本质，今天的中国新兴消费群体具备非常强烈的主观意识，这种意识依托于本土文化的熏陶和独特市场环境的影响。未来品牌成功的要点，不再是引入或复制他国的文化概念，耗费时间灌输难以快速让人认同的全新概念，而是深入了解独特的中国语境，形成文化共情，洞察消费趋势和心态变化，挖掘创新的产品机会。

2020 年突如其来的新冠疫情让所有人始料未及，经济走势持续下行，各行各业都受到了较大影响。但在这样的形式下，仍有一些成绩亮眼的黑马产品逆势而上。

伊利旗下的每益添是低温活性乳酸菌品类的代表品牌，在经历过品类快速发展期后，近几年寻求新的增长点。随着人们对健康价值的关注提升，消费者流失至其他品类，比如更高价值感的高端白奶、更健康的植物基豆奶等。面对品类发展的困境，品牌并没有"简单粗暴"地从基础口味拓展、加大营销投入等方式入手，而是寻求更深入的解决方案——挖掘创新的产品策略。

"0 脂肪，减少糖，清爽型"白色活乳，是每益添基于人们对健康关注的趋势，匹配消费者对口感需求的变化和品类发展态势分析提出的创新产品策略，低脂减糖也是非常具备中国特色的消费者需求，在欧美市场，这样的需求并不能形成广泛的受众群体。包装层面围绕产品策略解决沟通重点问题：清晰传递清爽型产品特性，同色系色彩传达清新、活泼的气息，契合年轻消费群体喜好；保证品牌辨识度的同时，传递直观的视觉冲击力，材质应用及突破工艺瓶颈的"梦幻盖"，将感官价值提升；价值沟通

图 6-2 每益添小白乳

图 6-3 每益添小白乳（双口味）

层级清晰，0 脂肪、减糖、膳食纤维等经过设计转化直观呈现给消费者。

每益添小白乳 2020 年 5 月上市，疫情期间人们对健康的关注进一步提升，催生了人们对"清爽、低糖"的需求。同时，社交媒体上有消费者晒图表达对包装的喜爱，包装设计成为具备共情力且能与消费者平等对话的沟通桥梁（图 6-2、图 6-3）。

至此，我们再回头看近些年许多虽然有较大营销投入、品牌表现及市场运作成熟但却迅速消失的新品，本质上都存在或多或少有悖中国语境下产品发展趋势的问题。国际化背景的品牌缺乏文化共情，进而引起文化引用及理解上的偏差，或创新方式浮于表面，未能洞察潜在的品类发展机会。面对庞大的中国市场和消费能力，如何挖掘真正适合中国语境的产品策略和人性需求，是值得所有产品人思考的问题，也是未来品牌及产品发展的基石。

三 消费分级下，包装设计"人与物"的关系成为要点

包装真的有那么重要吗？包装的重要性，存在三个发展阶段。

第一阶段，早在 20 世纪 60 年代，美国率先提出"包装是沉默的销售员"这一定义。但是，可以非常客观地说，当市场处于消费普及阶段时，包装并不重要，它甚至不属于产品品质的一部分，它是贴着品牌标识的容器，包装需要成本，当然越低越好。

第二阶段，当市场处于消费升级阶段时，包装变得重要了一点。它需要很好地配合传播在终端唤起消费者的记忆，或者通过终端显著的陈列优势唤醒消费者对广告的记忆，但很少独立完成销售任务。营销圈流行《超级符号就是超级创意》一书，里面对品牌包装的描述是："包装的本质是什么？包装的本质，不是一个商品包，而是一个信息包，是一个信息炸药包！"这是典型市场由消费普及向消费升级过渡的初期阶段的论调。在这个阶段，消费者获取商品信息的渠道较窄，因而对品牌传递出的信息并不敏感且充分信任，即便对某些发展滞后的品类或弱竞争品类而言，这种理论依旧能产生效用，但它已不代表包装设计的当下，也必然不能代表未来。

第三阶段，是我们身处其中的当下。在移动互联网快速发展的今天，情况显然发生了翻天覆地的变化，所谓"信息包"只能称为包装设计的初级阶段，有更多方式去积极寻求更好的包装设计解决方案。包装的性质产生了新的定义，它不再是沉默的销售员，也可以是懂你的好伙伴。消费者对待包装（产品）不再是人与视觉信息的关系，而是人与物的关系：这个包装传递出的产品个性与我的喜好是否契合，给我带来了怎样的感受——是愉悦、趣味、神秘、惊喜，还是兴奋或怀念？人与物之间的关系，让产品不再是单纯的商品，而是与受众产生情感共鸣的载体。

不难发现，在消费分级当下，从竞争中脱颖而出的新兴品牌，其产品或包装都具备三个共性：①高价值感；②精于设计；③充满情感。①高价值感并不是单纯用最贵的材料或工艺进行堆砌，而是在合理的范围内通过材质与工艺的匹配关系，唤醒人的审美意识，让人产生愉悦的美感。②精于设计是除了产品外观设计考究外，在使用体验上也处处透露出小心思。③充满情感则是尊重常识，回归生活，不刻意追求设计的知识化，而是用有温度的设计去触动使用者，激起一种情感的共鸣，比如撕开酸奶盖，很多人会下意识地去舔掉盖上的酸奶，舔完后发现盖子上有行文字，"这里最美味对不对？"瞬间这个酸奶不再是没有情感的工业化制品，而是懂你、与你趣味相投的小伙伴。这个瞬间的触动会在不同场景激起你不同的情绪，或惊喜或感动，或会心一笑。

　　充满温情的包装设计总能唤醒人真挚的情感，也能让品牌摆脱价格竞争。比如在英国，每年 10 月底，Innocent 果汁就会戴上一顶超级萌的毛线小帽子出现在货架上，告诉大家冬天又要来了，这是 Innocent 果汁与专为老人服务的慈善机构 Age UK 联合举办的活动，让一些老年人在闲暇时间和志愿者钩织出一些小帽子给果汁瓶戴上，每卖出去一瓶戴着帽子的果汁，就能为机构募集到约 2.5 元人民币的善款，用于帮助老人们度过英国寒冷的冬天。这个叫作"The Big Knit"的活动每年都会以不同的主题举办，至今已经有 18 个年头。

　　仅一顶小小的毛线帽子就改变了消费者对果汁产品包装的认知惯性，抛开它包装背后暖心的故事，仅从外观上消费者也不会把它当成视觉信息来简单处理，而是当作触动心灵的物品。

当然有人会说，这只是营销活动，真正的常规量产商品可能就做不到了。既要满足工业化大批量生产的要求，又要引发触碰人心的情感共鸣确实很难做到，但一旦做到了，就会产生持久的竞争优势。

饮用水是需要高度工业化大批量生产的品类，且产品间的口感没有显著的差异，技术壁垒也不高。在统一推出"爱夸"之前，水源地是最好的卖点，尤其带雪山的水源地是高端饮用水的象征，但统一在水源地上并没有优势。是否买块地再来抢市场份额？水源地的理性支撑点重要，但也可以从更容易触动人心的感性支撑点寻求机会。一瓶高端水希望带给人什么样的感觉，触发消费者怎样的情绪。爱夸水在瓶体及标签设计上虽然与英国高端水品牌TYNANT旗下的某款产品有相似的地方，但在包装信息整合设计上也有高明之处。爱夸水利用瓶型特点和水的折射原理，将原本需要两张标签呈现的信息整合到一张细长条标签的正背面，灌装好水后，标签背面原本看不到的小字，产生了凸透镜的放大效果，极简的设计也正好诠释了水的至纯至真。

爱夸上市的表现也证明，用人与物的关系去思考品牌包装设计会带来更大的产出比收益。"新颖、颜值、独特（新颜特）"正在成为年轻一代对某个商品产生购买决策的关键因素。"新"即新颖，除了感官新颖外还要有体验的新颖，新颖投射到品牌端便是创新，求新求变是人类的需求与发展的动力。"颜"即颜值，"颜值即正义"的网络用语频频出现，也进一步反映出新生代年轻群体审美意识的觉醒，移动互联网的快速发展促进了审美泛化，审美活动已经远超出所谓纯艺术或者纯文学的范畴，渗透到大众的日常生活中。"特"即独特，选择独特不意味着追随潮流的自我标榜，而是与遵循内心喜好的匹配，每个人生而不同是年轻消费群体的共识，欣赏自己的同时，也尊重其他人作为独特存在的价值和背后的意义。

四　包装娱乐化与快设计兴起

从功能驱动到情感驱动、乐趣驱动，品牌包装并不是简单的产品容器或带品牌印记的信息包。未来，包装娱乐化将成为品牌营销活动中的重要载体，品牌联名与跨界，一切皆可娱乐化，传播点、话题点、分享点将贯穿于包装创意中，快速推出，快速迭代。

在过去，大多数情况下品牌的产品包装设计，尤其是战略性产品的包装设，从设计需求发出到最终产品上市需要较长的周期。从包装策略的梳理调整、深入转化，到形式的呈现打磨、不断优化，经过层层汇报审核通过，再到打样、调整、测试、生产，最终出现在消费者面前时，相较产品研发初期的市场环境，早已发生了很大变化。即便不是战略性产品，以营销热点为初衷的产品包装，许多时候也因为难以压缩的决策、设计和生产流程等关键要素，在这个瞬息万变的信息时代显得有些滞后。比如 2018 年非常流行

　　的两款游戏，《恋与制作人》和《旅行青蛙》，火爆程度一时无两，得到了许多品牌合作的机会，但措手不及的是还未等联名包装的产品上市，热度就逐渐消散。产品经过道道工序终于出现在人们面前时，热点早已淡出人们的视线，只留下品牌"叫苦不迭"。

　　"天下武功，唯快不破"并不是没有道理的。依托于精准的判断，速度和效率很大程度上决定了成败。一定程度上，周期短、可迭代性强、具备丰富个性和品牌内涵的"快设计"产品，将伴随着技术瓶颈的突破，越来越多地被应用在快消品行业中。基于移动互联网的高速发展以及消费人群的变化，包装也成为品牌营销活动中提升品牌活力、引发话题的重要手段。越来越多的品牌开始了"红旗不倒，彩旗飘飘"的战术。线上也成为品牌多元化及内容输出的试验田，寻求新鲜刺激，能够引起话题的包装玩法。跨界、限量等也成了品牌包装的新关键词。

　　2018年，锐澳 × 六神的鸡尾酒刷了一阵子屏。大白兔口味唇膏，辣椒口味士力架，洽洽瓜子脸面膜等，也让人们惊呼产品包装居然可以这样玩，出其不意却又在情理之中。未来，品牌包装将围绕个性化需求和科技的进步展开更多元的升级和变化。

五　　包装智能化的发展进程

　　作为全球第二大经济体，中国已经全面从生产型社会转向消费型社会，前文提到的"审美泛化"正在兴起。移动互联网的普及让审美和艺术不再是贵族阶层的专利，不再局限于音乐厅、美术馆、博物馆等传统的审美活动场所，而是完全"民主化"了。今天如果你想欣赏故宫的藏品，无需去到故宫现场，手机上打开App就可以实现。互联网产业链以及智能技术的发展，给我们带来了许多十年前难以想象的体验。走在商场里，买一箱牛奶，可以扫码追溯奶牛的生活状态；购买大多数商品，都可以通过扫码来源辨别真伪；在手机端"货比三家"也变得无比便捷，只要动一动手指就可以。在这样的场景下，品牌包装设计也衍生出了更为多元的花样。

1. 智能包装的人性关怀

依托于科学技术的进步，包装可以带给人们更加多元化的体验。比如 Nutrilinx 保健品，每倒出一粒药片，瓶盖会自动计数，同时匹配的手机 App 会提示人们每天补充维生素的剂量以及需要如何调节。玛氏 2018 年底曾推出一款糖果机造型的限量版糖果，小孩子拿在手中可以像玩糖果机一样摇出糖果。奥利奥音乐盒被称为食品包装的"黑科技"，将饼干放在音乐盒上，会像唱片机上的黑胶唱片一样旋转，并伴随着饼干被吃掉的形状变换音乐；音乐盒之后奥利奥再出 DJ 盒，同是音乐主题，可以打碟并配合VR 游戏。智能结构无疑更强地突出了品牌个性，强化消费者印象的同时拉近了与人们的关系。

2. 智能包装的互动体验

近些年，许多品牌不再满足于包装上固有的图形字体等设计元素与消费者进行浅层交互，开始尝试将包装与智能技术结合，希望带给消费者沉浸式的用户体验。比如锐澳、奥利奥都曾在包装中置入 VR 入口，消费者用手机扫描品牌包装上的某个元素，手机上就会出现具有互动性或观赏性的小游戏；或扫码后出现与产品关联的影像故事等。这些新技术的尝试虽然目前来看没有引起人们广泛关注或热议，但并不代表未来包装与智能技术的结合没有更多可能性。在此之前，大多数包装设计与技术的结合，比如 VR 体验，都是站在品牌端思考，围绕品牌宣传和产品功能特性展开。那么这个过程中会存在一个问题——围绕品牌宣传和产品功能特性研发的 VR 互动小游戏很难对消费者产生真正的持续吸引力，因为如果站在"好玩有趣"的需求思考，人们会选择真正的手机游戏；而包装元素的 VR 互动对消费者来说，并没有真正与自身相关的意义，同样很难形成持续吸引力，影响的也仅仅是圈内人和与之相关的专业人员，而非普通消费者。

想要真正给人们带来沉浸式的体验，必须站在用户的角度思考两个问题：①核心吸引力如何形成，用户为什么愿意消耗时间进行体验；②体验如何与产品产生关系，进而形成有效的感知记忆。未来无论包装与何种智能技术结合，都必须解决这两个发展中绕不开的本质层面的问题。

六　环保包装不是一句响亮的口号

2019 年，上海垃圾分类政策实施，干垃圾、湿垃圾分类问题刷屏朋友圈，成为大家热议的话题。

事实上在今天，环保依然是全球共同关注的话题。环保包装距离我们并不遥远，各类环保包装形式、环保材质的研发和探寻从未停止，且越来越多地出现在我们身边。

2017 年夏天，宝洁与法国家乐福合作，推出世界上首款使用再生塑料为原料的环保瓶装海飞丝，瓶身由美国 Terra Cycle 公司和法国 Suez 公司联合生产，制作这种洗发水瓶的部分原材料来源于志愿者和公益组织在海滩上人工收集的塑料垃圾。从社会责任感的角度来看，大型品牌提供更环保、可持续、减量化的包装对环境保护意义重大；从商业层面来看，企业的社会责任感更增添了人们对产品及品牌的信任。

2020 年 7 月，达能旗下高端水品牌依云推出首款无标签可回收的 PET 瓶装水，这款 400 毫升的瓶子仅背面刻有商标和一些必备信息，搭配了一个具备品牌辨识度的粉色瓶盖。产品已经在法国的一些酒店、餐厅中销售，其后还会陆续在其他国家销售。依云全球品牌副总裁 Shweta Harit 表示："这款产品使依云成为可持续设计解决方案的先驱，是依云承诺到 2025 年成为完全循环品牌的切实证明"。相较于品牌们为某次营销活动进行的环保主张，真正从自身产品入手，大规模减少原生塑料的采用，在激烈的市场竞争中做出这样的决定实在是难能可贵。

美国设计理论家维克多·帕帕奈克（Victor Papanek）在他颇具争议的著作《为真实的世界设计》（Design for the real world）中指出："设计的最大作用并不是创造商业价值，也不是在包装及风格方面的竞争，而是创造一种适当的社会变革过程中的元素，设计师应认真考虑有限的地球资源的使用问题并为保护地球的环境服务。"

在这里分享一个作品：曾经获得 Pentawards 铂金奖的作品——黔之礼赞有机大米包装设计，尽管今天来看它并不是笔者的设计作品中销售额最高或者最具商业影响力的，但却至今对笔者影响颇深。在创作过程中，当地人对自然的敬畏及与自然和谐共处的生存法则，深深感动着笔者。精耕细作的传统劳作模式，鱼、蛙、水稻的循环互补，无不透露出祖先们的智慧。

正因为这份对自然的敬畏及对当地生态环境的保护意识，整个包装设计拒绝了工业化的加入，纸张来自当地人家的手工造纸，采用能 100% 降解的植物纤维，印刷所使用的染料也是植物染料。大米生长的环境被描绘成一幅幅生动的画面，以视觉符号的形式展现在人们眼前。整个包装设计不含化工原料，不会为环境带来负担，同时也实现了回收再利用（图 6-4 ~ 图 6-8）。

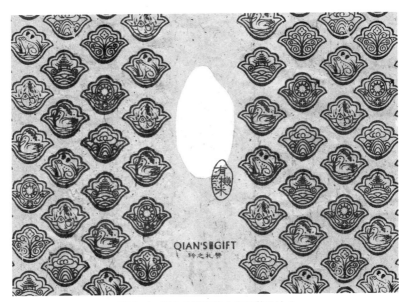

图 6-4　黔之礼赞有机大米包装设计 1

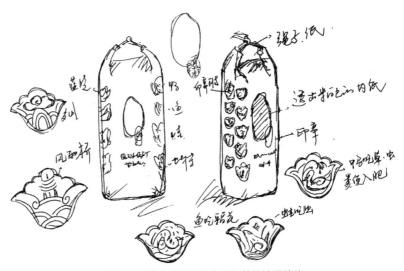

图 6-5　黔之礼赞有机大米包装设计手绘稿

图 6-6　黔之礼赞有机大米包装设计 2

图 6-7　黔之礼赞有机大米包装设计创作来源之一

图6-8　黔之礼赞有机大米包装设计细节

参考文献

R E F E R E N C E S

[1]　[荷] 弗兰斯·德瓦尔. 共情时代 [M].刘旸，译. 长沙：湖南科学技术出版社，2014.

[2]　[美] 唐纳德·A.诺曼. 设计心理学3 [M]. 何笑梅，欧秋杏，译. 北京：中信出版社，2015.

[3]　[美] 马丁·林斯特龙. 感官品牌 [M]. 赵萌萌，译. 北京：中国财政经济出版社，2016.

[4]　范鹏. 新零售：吹响第四次零售革命的号角 [M]. 北京：电子工业出版社，2018.

[5]　[英] 加文·安布罗斯，保罗·哈里斯. 创建品牌的包装设计 [M]. 张馥玫，译. 北京：中国青年出版社，2012.

[6]　彭冲. 交互式包装设计 [M].沈阳：辽宁科学技术出版社，2018.

[7]　江南春.抢占心智 [M].北京：中信出版社，2018.

[8]　詹伟雄. 美学的经济：台湾社会变迁的60个微型观察 [M]. 北京：中信出版社，2012.

[9]　[澳] 托尼·伊博森，彭冲. 环保包装设计 [M]. 潘潇潇，译. 桂林：广西师范大学出版社，2016.

[10]　张艳河，高阳，马宏林.设计美学 [M].北京：中国纺织出版社，2018.

[11]　[英] 本·帕尔.抢占注意力：获取用户的七大行为设计策略 [M]. 周昕，译. 北京：中信出版社，2018.

[12]　[加] 高普，[美] 亚当斯. 情感与设计 [M]. 于娟娟，译. 北京：人民邮电出版社，2014.

[13] [美] 丹尼尔·平克. 全新思维：决胜未来的6大能力 [M]. 高芳，译. 杭州：浙江人民出版社，2013.

[14] [日] 三浦展. 第四消费时代 [M]. 马奈，译. 北京：东方出版社，2014.

[15] [美] 丹尼尔·卡尼曼. 思考，快与慢 [M]. 胡晓姣，李爱民，何梦莹，译. 北京：中信出版社，2012.

[16] [美] 恩里科·特雷维桑. 非理性消费：关于消费者行为决策的心理分析与应用 [M]. 甘亚平，甘兰，译. 北京：人民邮电出版社，2013.

[17] [瑞典] 拉尔斯·G. 瓦伦廷. 包装沟通设计 [M]. 刘敏，刘乔，译. 北京：北京大学出版社，2013.

[18] [西班牙] 哈维尔·桑切斯·拉米拉斯. 情感驱动 [M]. 刘琨，译. 北京：中信出版社，2018.

[19] [澳] 拜伦·夏普. 非传统营销 [M]. 麦青，译. 北京：中信出版社，2016.

[20] 刘润. 新零售：低价高效的数据赋能之路 [M]. 北京：中信出版社，2018.

[21] STEVEN D，JOHN S. Package Design Workbook[M]. Beverly: Rockport publishers，Inc. 2008.

　　文至于此，关于包装的见闻与思考已与大家分享二三。尽管包装设计只是设计众多类目中的分支，作为从业者，仍觉责任重大。越来越多的人意识到包装与人密不可分的关系，但如何能够通过包装切实解决更多问题，仍有待于更多设计师及相关人的共同努力、挖掘和探讨。以此，共勉。